乡村振兴目标下的
乡村建筑改造设计研究

刘国元 著

北京工业大学出版社

图书在版编目（CIP）数据

乡村振兴目标下的乡村建筑改造设计研究 / 刘国元著 . -- 北京：北京工业大学出版社，2024. 12.
ISBN 978-7-5639-8759-7

Ⅰ . TU241.4

中国国家版本馆 CIP 数据核字第 202526WT73 号

乡村振兴目标下的乡村建筑改造设计研究
XIANGCUN ZHENXING MUBIAO XIA DE XIANGCUN JIANZHU GAIZAO SHEJI YANJIU

著　者：刘国元
责任编辑：付　存
封面设计：知更壹点
出版发行：北京工业大学出版社
　　　　　（北京市朝阳区平乐园 100 号　邮编：100124）
　　　　　010-67391722（传真）　　bgdcbs@sina.com
经销单位：全国各地新华书店
承印单位：三河市南阳印刷有限公司
开　　本：710 毫米 ×1000 毫米　1/16
印　　张：7.75
字　　数：137 千字
版　　次：2025 年 6 月第 1 版
印　　次：2025 年 6 月第 1 次印刷
标准书号：ISBN 978-7-5639-8759-7
定　　价：45.00 元

版权所有　　翻印必究

（如发现印装质量问题，请寄本社发行部调换 010-67391106）

作者简介

刘国元,安徽颍上人,毕业于中国矿业大学,现任职于中铁合肥建筑市政工程设计研究院有限公司,一级注册建筑师,正高级工程师,副总经理。主要研究方向:建筑设计。

前　言

乡村，作为中华文化的深厚土壤和经济社会发展的基础单元，其振兴与发展不仅关乎亿万农民的福祉，更是实现国家现代化、促进社会和谐稳定的关键所在。而乡村建筑，作为乡村文化的载体和乡村生活的重要空间，其改造设计在乡村振兴中扮演着举足轻重的角色。随着时代的变迁和城市化进程的加快，乡村面临着前所未有的发展机遇与挑战。一方面，现代生活方式的冲击和城市化进程的推进，使得传统乡村建筑在功能、结构和审美上逐渐滞后，无法满足现代生活的需求；另一方面，乡村建筑作为乡村文化的重要组成部分，其保护和传承也面临着巨大的压力。因此，在乡村振兴的大背景下，乡村建筑改造设计研究显得尤为重要。乡村建筑改造不仅要满足现代生活的需求，提升乡村居民的生活质量，更要注重传承和弘扬乡村文化，让乡村建筑成为乡村文化的重要载体和乡村生活的重要空间。本研究旨在为乡村建筑改造设计领域的研究和实践提供有益的参考和借鉴。

全书共五章。第一章为乡村振兴的目标，主要阐述了乡村振兴战略的提出、乡村振兴的科学内涵、乡村振兴的总体要求、乡村振兴的发展目标等内容；第二章为乡村建筑改造的发展历程和存在的问题，主要阐述了乡村建筑改造的发展历程、乡村建设存在的基本问题、乡村建筑改造的基本问题等内容；第三章为乡村振兴目标下乡村建筑改造设计概述，主要阐述了乡村振兴目标下乡村建筑改造设计的原则、乡村振兴目标下乡村建筑改造设计的形式、乡村振兴目标下乡村建筑改造设计的方法、乡村振兴目标下乡村建筑改造设计的意义等内容；第四章为乡村振兴目标下乡村建筑基本改造设计，主要阐述了美好型乡村建筑改造设计方法、文旅型乡村建筑改造设计方法、产业型乡村建筑改造设计方法、其他类型乡村建筑改造设计方法等内容；第五章为乡村振兴目标下乡村建筑改造设计实践，主要阐述了世界各国乡村建筑改造设计的经验和乡村振兴目标下乡村建筑改造设计的案例等内容。

笔者在写作过程中参考了大量理论与研究文献，在此向涉及的专家学者表示衷心的感谢。

限于笔者水平有限,成书时间仓促,本书难免存在一些不足之处,恳请同行专家和读者朋友批评指正!

目 录

第一章　乡村振兴的目标 ··· 1
　　第一节　乡村振兴战略的提出 ·· 3
　　第二节　乡村振兴的科学内涵 ·· 8
　　第三节　乡村振兴的总体要求 ·· 13
　　第四节　乡村振兴的发展目标 ·· 26

第二章　乡村建筑改造的发展历程和存在的问题 ····························· 31
　　第一节　乡村建筑改造的发展历程 ··· 33
　　第二节　乡村建设存在的基本问题 ··· 35
　　第三节　乡村建筑改造的基本问题 ··· 42

第三章　乡村振兴目标下乡村建筑改造设计概述 ····························· 47
　　第一节　乡村振兴目标下乡村建筑改造设计的原则 ····················· 49
　　第二节　乡村振兴目标下乡村建筑改造设计的形式 ····················· 53
　　第三节　乡村振兴目标下乡村建筑改造设计的方法 ····················· 57
　　第四节　乡村振兴目标下乡村建筑改造设计的意义 ····················· 58

第四章　乡村振兴目标下乡村建筑基本改造设计 ···························· 61
　　第一节　美好型乡村建筑改造设计方法 ······································ 63
　　第二节　文旅型乡村建筑改造设计方法 ······································ 78
　　第三节　产业型乡村建筑改造设计方法 ······································ 79

第五章　乡村振兴目标下乡村建筑改造设计实践 ·················· 81
第一节　世界各国乡村建筑改造设计的经验 ·················· 83
第二节　乡村振兴目标下乡村建筑改造设计的案例 ·················· 88

参考文献 ·················· 113

第一章 乡村振兴的目标

乡村振兴是包括产业振兴、人才振兴、文化振兴、生态振兴和组织振兴的全面振兴。为实现这一目标，需要坚持农业农村优先发展的总方针，遵循产业兴旺、生态宜居、乡风文明、治理有效、生活富裕的总要求。这一战略是党中央着眼党和国家事业全局，为顺应亿万农民对美好生活的向往，对"三农"工作作出的重大决策部署，旨在决胜全面建成小康社会、全面建设社会主义现代化国家，同时也是新时代做好"三农"工作的总抓手。本章围绕乡村振兴战略的提出、乡村振兴的科学内涵、乡村振兴的总体要求、乡村振兴的发展目标等内容展开研究。

第一节 乡村振兴战略的提出

一、乡村振兴战略提出的背景

乡村振兴战略的提出部署有着深刻的历史背景和现实依据,是党中央从党和国家事业发展全局出发作出的一项重大战略决策。乡村振兴战略作为新时代做好"三农"工作的总抓手和重要遵循,是当前和今后一个时期乡村振兴规划编制工作的核心依据。

党的十八大以来,中央坚持把农业、农村、农民问题置于关系国计民生的战略高度和核心地位,统筹工农城乡,着力强农、惠农,系统分析新时代我国社会主要矛盾转化在农业领域、农村地区和农民群体中的具体体现,在决胜全面建成小康社会和开启全面建设社会主义现代化国家新征程的全局中进行系统设计,引入新思想、新手段和新平台,为整个乡村发展勾画出了一幅清晰可见、努力可达的美好蓝图。从经济社会发展趋势看,当前,我国经济发展模式已经转向更加注重质量和生态的节约与集约型增长方式,"绿水青山就是金山银山"的理念深入人心。城市农产品食品消费对安全、品质、特色的追求越来越凸显,为绿色生态农业的发展打开了市场空间。

工商资本向农业、农村流动的规模在不断加大,农村创新创业蔚然成风。从"三农"视角来看,20世纪70年代末,农村改革发端,历经40多年变迁,乡村生产、生活、生态都发生了深刻变化。"三农"建设和发展迎来了最为有利的历史阶段,必须抓住机遇,科学谋划设计,以规划为引领,抓铁留痕,努力实现乡村振兴的美好蓝图。

二、乡村振兴战略提出的意义

(一)有利于解决农业、农村、农民问题

乡土是农业国家的文化基础,乡村是乡土文化的重要载体。农村是一个具有自然、社会、经济特性的地区复合体,它具有生产、生活、生态、文化等多种功能,是促进城乡相互发展、与城市共存、共同构成人类活动的主要空间。因此,实施乡村振兴战略,是解决新时代我国社会主要矛盾、实现"两个一百年"奋斗目标和中华民族伟大复兴中国梦的必然要求,具有重大现实意义和深远历史意义。

在改革开放40多年的伟大进程中，中央在各个阶段根据所面临的实际问题实施了不同的战略。在新时代的背景下，农业、农村和农民问题在解决过程中出现了许多新情况，如农耕地被非法占用，变为商业使用；大量农民外出务工使得老人、儿童留守乡村；农村空房率过高；农村经济未被合理盘活等。因此，党的十九大报告中提出了乡村振兴战略20字总要求：产业兴旺、生态宜居、乡风文明、治理有效、生活富裕。这既是乡村振兴战略的总体要求，也是实施乡村振兴战略的方向，为新农村的发展，农业、农村和农民问题的解决提供了有效的方法。通过牢固树立创新、协调、绿色、开放、共享的发展理念，达到生产、生活、生态的"三生"协调，促进农业、加工业、现代服务业的"三业"融合发展，真正实现农业发展、农村变样、农民受惠，最终建成"望得见山、看得见水、记得住乡愁、留得住人"的美丽乡村、美丽中国。[①]

（二）有利于实现乡村全面振兴

农村现代化是一个多维度的进程，它不仅涵盖了物质层面的现代化，如农业技术和农村基础设施的升级，还包含人的现代化，即提升农民的科学文化素质和普及现代生活方式。同时，乡村治理体系和治理能力的现代化也是不可或缺的组成部分。要坚持农业现代化和农村现代化的一体设计、同步推进，以确保农业大国能够顺利实现向农业强国的跨越，为农民创造更加美好的生活环境，推动乡村全面振兴。大力实施乡村振兴战略，推进产业振兴，走质量兴农之路，深化农业供给侧结构性改革，发展特色品牌农业，加快产业优化升级，形成绿色安全、优质高效的现代乡村产业体系，提高农业质量和效益；推进乡村人才振兴，实施科学有效的人才政策，优化人才创业创新环境，吸引更多人才，让留在乡村的人才更有信心，激励各类人才在农村广阔天地大展才华、大显身手，保证乡村人才的数量、结构和质量；推进乡村文化振兴，走乡村文化兴盛之路，以社会主义核心价值观为引领，传承和发展乡村传统优秀文化，积极推动乡土文化复兴，使乡村文明焕发新气象，提高乡村社会文明程度和农民精神文化素质，满足农民群众日益增长的精神文化需要，增强农民精神文化力量；推进乡村生态振兴，走乡村绿色发展之路，大力发展农村生态产业，加强对农村突出环境问题的综合治理，大力改善农村人居环境，加强环境保护意识和结构调整意识，打造山清水秀的田园风光和安居乐业的美丽家园；推进乡村组织振兴，走乡村善治之路，创新和完善乡村治理体系，强化农村基层组织建设，培养、造就坚强有力的农村基层党组织

---

① 范建华.乡村振兴战略的时代意义[J].行政管理改革，2018（2）：16-21.

和党员干部队伍，建立多元共治、充满活力的乡村治理新体系，确保农村既充满活力又和谐有序。这五大乡村振兴方向与推进乡村经济建设、政治建设、文化建设、社会建设和生态文明建设"五位一体"总体布局具有内在的一致性。

（三）有利于推进城乡融合发展

改革开放以来，在快速推进城镇化进程中存在非平衡性增长的不良状况，突出表现为城乡在教育、医疗、社会保障、公共服务、基础设施等资源配置上呈现结构性差异，城乡区域发展和居民收入存在较大差距。新时代需要加快补齐农业农村现代化的短板，构建促进城乡融合发展的体制机制，破除阻碍城乡要素合理流动的制度性障碍。乡村振兴从认知理念、政策制度、产业发展等层面加快城乡融合发展，坚定走城乡融合发展之路，理顺和优化工农、城乡关系，缩小城乡差距。重点确立城乡平等、互为依存关系的理念，充分认识城乡融合发展的深远意义，把乡村放在与城市平等的地位上，改变农村从属于城市的片面看法，更加注重发挥乡村的主动性，激发乡村内生发展活力。

（四）有利于推动建设现代化经济体系

农业是国家经济的基础，同时农村经济又是现代经济系统的重要组成部分，因此，现今更为重要的是农村再生和产业繁荣。乡村振兴，产业兴旺是基础。当前，我国各类农业新型经营主体发展迅速。作为农村经济的代表和担当，其自身的成长也同时影响着乡村振兴战略的进程和实施。各类经营主体需要通过适应潮流改革创新，针对产品薄弱环节进行内在突破。而想要发展壮大，则需要农村经济强有力的外部配合。

乡村振兴战略的实施可让各经营主体得到农村经济的大力支持帮扶，让农村经济因各经营主体的壮大而发展，以形成农业经济和经营主体的良好互动，而伴随着这种良性互动带来的更大收益是让农村经济与城镇经济开展更深层次的融合，以此进入更广大的经济市场。在广大市场的推动作用下，将调整经营者的生产生活方式，推动各产业的进一步分工和优化，最终使社会资源达到更高的利用率。

通过乡村振兴战略的实施，我国积极完备绿色质量体系，建立绿色农业、有机农业；注重保护农产品植物新品种保护权，鼓励、支持企业及个人的创新精神，保护其投入的时间、金钱成本。建立、完善农产品地理标志保护机制，推动形成有体系的农产品运作模式，鼓励农产品走出地域，面向全国、推向全球；完善耕地保护制度及"三权分置"制度，在保障基本农耕地的基础上，使宅基地及闲置农地得到合理配置，争取效益最大化。实施乡村振兴战略，深化农业供给侧结构性改革，致力于构建现代化、高效能的农业产业体系、生产体系及经营体系，推动农村一、二、三产业的深度融合发展，从而引导农业从单纯追求产量增长转向追求质量提升，进一步增强我国农业的创新能力和市场竞争力，为构建现代化经济体系打下坚实的基础。

（五）有利于解决我国社会存在的主要矛盾

改革开放推动了我国经济、政治、社会、文化等各个方面的发展，人们的生活质量显著提高，当前我国社会主要矛盾已经转化为人民日益增长的美好生活需要与不平衡不充分的发展之间的矛盾。在诸多不平衡中，城乡发展不平衡尤为突出，成为我国最大的发展短板；而在不充分的发展中，农村发展的不充分问题则显得尤为严重。为了实现乡村振兴，必须加快农业农村的发展步伐，努力缩小城乡之间以及区域之间的差距。这是解决当前社会主要矛盾的关键所在。因此，要协调推进农村经济、政治、文化、社会、生态文明建设和党的建设，全面推进乡村振兴，让乡村尤其是欠发达的农村尽快跟上全国的发展步伐，确保在全面建成小康社会、全面建设社会主义现代化国家的征程中不掉队。

（六）有利于实现社会主义现代化建设战略目标

社会主义现代化建设是我国现阶段的重要任务，这一建设目标的实现需要各方努力，其中就包括乡村振兴战略的贯彻实施。农业农村现代化是国民经济的基础支撑，是国家现代化的重要体现。中国要强，农业必须强；中国要美，农村必须美；中国要富，农民必须富。任何一个国家要实现现代化，唯有城乡区域统筹协调，才能为整个国家的持续发展打实基础、提供支撑。农业落后、农村萧条、农民贫困，是不可能建成现代化国家的。

中国共产党始终将确保14亿人口的粮食安全作为首要任务，不遗余力地保障主要农产品的生产和供给。同时，党坚定地认为农业是工业和服务业发展的坚实基石，致力于保护和推动农业的发展，通过振兴农业来带动各行各业的繁荣；此外，党还坚持认为农村社会的稳定是国家整体稳定的基础，因此一直不断积极调整农村的生产关系和经济结构，推动农村社会事业的全面发展，以农村的稳定来保障国家的稳定；最后，党坚信没有农民的小康就没有全国的小康，因此努力增加农民收入，改善农村的生产和生活条件，不断提升农民的生活水平。

当前，农业正面临着资源和市场的双重压力，其市场竞争力亟待提升。同时，城乡发展差距依然显著，农民收入的稳定增长以及农村现代文明水平的提升，都面临着巨大的挑战。因此，必须坚定不移地将农业农村的优先发展落到实处，全面推进乡村振兴战略，积极深化农业供给侧结构性改革，以培育并壮大农村发展的新动能。同时，加强农业基础设施建设和公共服务，确保农村发展的可持续性，让美丽乡村成为现代化强国的鲜明标志，不断推动农业的发展、农民的富裕以及农村的繁荣。这样才能确保国家现代化建设进程更加协调、顺利且富有成效。

（七）有利于决胜全面建成小康社会

全面建成小康社会最突出的短板在"三农"，加快推进农业农村现代化是全面建成小康社会的重点和难点。要推进乡村振兴战略，加快农业农村发展，推进城乡一体化发展，壮大农村集体经济，提高农民生活质量，完善农村现代治理体系，改善农村生活环境，让广大农民同全国人民一道进入全面小康社会。目前，农业农村的相对落后状态，导致农村居民还不能完全满足物质文化上的小康，也不能充分享受到现代化带来的城市文明，要通过乡村振兴加快乡村发展，摆脱乡村相对落后的状态。

（八）有利于推动国家治理现代化

当前，农村仍是我国社会治理的相对薄弱环节。乡村振兴战略与国家治理体系和治理能力现代化紧密相连，其推进过程中涉及对国家治理体系和治理能力现代化的多方面需求。这包括加强顶层设计和制度供给能力，优化资源配置效率，以及构建更为完善的乡村治理体系等关键能力，有利于激发主体活力、提升发展有序性、增强资源配置效率。全面深化基层治理改革，优化乡村治理环境，实现乡村有效治理，有助于解决乡村治理主体乏力、治理内容复杂、治理方式方法欠缺等问题，为国家治理现代化提供重要基础。

（九）有利于建设美丽中国

乡村振兴战略坚决抵制一切以牺牲生态环境为代价而换取短暂的可喜发展成就的做法。

自然界是人类赖以生存和发展的根基。良好的生态环境不但创造宜人的生存环境，更是人类文明的巨大宝贵财富。人类作为自然的一小部分，生活、生产、生存都依赖生态产品的提供和支持，一部人类文明发展史就是一部人与自然的关系史。生态产品的重要供给者是农业，乡村是生态保护的主要领域，生态是乡村最大的发展优势。乡村振兴，生态宜居是关键。通过乡村振兴战略的实施，弥补之前因发展经济而对生态环境造成的损害，对农村突出环境问题进行专项治理、综合治理。同时，建立起山水林田湖草沙系统的有效、可持续循环，做到资源的合理分配。建立起市场化多元化、生态补偿机制，实现生态环境生生不息的长远发展目标。

（十）有利于中国智慧服务于全球发展

不断思考、不断创新是党的光荣传统，党在领导人民革命、建设和改革发展进程中，以我国具体实际和现实需要为基础，积极开展实践探索，在国家富强和人民幸福上取得了巨大成就，同时，还为全球进步、发展提供了有益的借鉴。中国围绕构建人类命运共同体、维护世界贸易公平规则、推进全球经济复苏和一体化发展等诸多方面，提出了自己的主张并付诸行动，得到了国际社会的普遍赞赏。同样，多年来，在有效应对和解决农业农村农民问题上，中国创造的乡镇企业、小城镇发展、城乡统筹、精准扶贫等方面的成功范例，成为全球的样板。在现代化进程中，乡村必然会经历艰难的蜕变和重生，有效解决乡村衰落和城市贫民窟现象是世界上许多国家尤其是发展中国家面临的难题。习近平总书记在党的十九大报告中提出实施乡村振兴战略，既是对中国更好地解决"三农"问题发出号召，又是对国际社会的昭示和引领。在拥有14亿多人口且城乡区域差异明显的大国推进乡村振兴，实现产业兴旺、生态宜居、乡风文明、治理有效、生活富裕，实现新型工业化、城镇化、信息化与农业农村现代化同步发展，是惠及中国人民尤其是惠及亿万农民的伟大创举，而且必定能为全球解决乡村问题贡献中国智慧和中国方案。

第二节 乡村振兴的科学内涵

一、乡村振兴的基本前提

（一）准确把握乡村振兴战略和城市化战略的关系

实际上，乡村振兴战略的推进必须建立在城乡融合、城乡一体的架构之上，并以新型城市化战略为引领，实现"以城带乡""以城兴乡"，同时以工业反哺农业、智慧助力农业，推动城乡之间的互促共进，共同构建融合发展的美丽乡村，进而实现乡村振兴的宏伟目标。

乡村振兴战略聚焦于乡村及其外部环境，旨在促进城乡人口的合理流动与资源优化配置。为实现这一目标，战略需打破传统界限，双管齐下：一方面，强化乡村内部基础设施建设，激发体制机制创新活力；另一方面，放眼乡村外部，改善外部条件，营造有利乡村建设的环境。鉴于中国城乡间存在的社会保障与财产权利双重二元结构，战略推进需精准施策，将改革体制机制作为突破口，特别是要聚焦于城乡社会保障体系的融合与农村集体产权制度的创新。通过这两大领域的深化改革，打破城乡壁垒，促进资源要素的自由流动与高效配置。同时，乡村振兴战略应构建三大联动机制——城乡联动、区域联动及中央与地方联动，将这三者紧密结合，形成改革合力。综上所述，打破城乡二元结构，构建城乡一体化发展的新型体制机制，实现城乡间的深度融合与相互促进，是乡村振兴与乡村现代化不可或缺的前提与关键。

（二）准确把握中国乡村形态及其变化趋势

从人口聚集特征与居民生活模式的角度来审视，当前的村庄大致可以划分为三大类别。第一类，已经深深融入城镇或即将被城镇化浪潮所覆盖的村庄，如城中村、镇中村以及城郊村等。这些村庄的显著特征是人口高度集中，居民的生活与生产方式逐渐脱钩，形成了一种独特的城乡过渡形态。在这些地方，人口构成呈现出多元化趋势，既有世代居住于此的原有群族，也有大量因各种因素迁入的外来人口。第二类，则是自2005年国家推行新农村建设政策以来，通过"撤扩并"等手段精心打造的中心村。这些村庄在人口聚集度上同样较高，但与传统意义上的农村有所不同的是，这里的居民生活与生产活动也逐渐走向分离。同时，这些中心村还配备了较为完善的社区服务体系，能够较好地满足村民的基本生活需求。第三类，则是那些依然保持着较低人口聚集度，且村民的生产与生活紧密相连的传统村庄。

显然，不同类型的村庄在乡村振兴的浪潮中将展现出各异的发展轨迹。部分村庄将迅速融入城镇化进程，无缝对接成为城市版图的一部分，实现城乡一体化。一些村庄，则有望成为乡村社区的核心服务枢纽或新型田园生态小镇。然而，也存在一些面临挑战的村庄，如资源匮乏、人口流失严重的贫困村或空心村。这些村庄可能会随着人口的进一步迁移或政府主导的村庄撤并政策而逐渐淡出历史舞台，但其背后的社会问题与发展困境仍需深入关注与解决。值得庆幸的是，通过乡村振兴战略的深入实施，大量村庄将迎来前所未有的发展机遇。它们将致力于实现"产业兴旺、生态宜居、乡风文明、治理有效、生活富裕"的全面发展目标，同时保留并传承那份独特的乡村记忆。

中国乡村的形态分化与发展趋势揭示了一个显著的现象：随着城市化和工业化的深入推进，乡村人口分布正经历着由分散的自给自足型经济向相对集中的市场型经济转变。这一转变不仅重塑了乡村人口的空间格局与分布，还带来了诸多深远的影响。首先，乡村的发展与振兴是一个复杂而多元的过程，它不仅需要城市化的引领和带动，更要求乡村人口在空间上实现相对集聚和优化分布。这两个过程是相辅相成、同步进行的。乡村人口的集聚能够形成规模效应，促进资源共享和产业升级，进而推动乡村经济的繁荣和发展。其次，乡村人口空间格局与分布的变化也为乡村振兴战略的实施提供了广阔的创新空间。这种变化为"乡"和"村"的有机结合、优化配置和融合发展创造了新的机遇。

二、乡村振兴的四个优先

（一）在干部配备上优先考虑

首先，在乡村干部配备中要优先解决尚未配备大专以上学历的村班子成员接受在职教育，同时，动员各村加大对具有大专以上学历人员的摸排，通过引导、带动、示范等在各村吸收一批具有高学历的后备干部，加大对他们的培养力度，适时把他们充实到村两委班子中来。其次，注重对年轻干部的发掘与培养，利用年末外出务工青年返乡过年、节假日返乡探亲以及部分退伍军人转业返乡等有利机会，同他们沟通交流、深入了解他们对现今农村的看法和他们的思想动机。积极引导他们为农村经济社会发展贡献出自己的力量。对于具有村级事务处理能力的，有意识地加以引导与培养，尽可能多地给他们提供参政议政的平台。同时加大对致富带头人的思想动员。在各村动员一批致富带头人，特别是具备党员身份、有带领群众发家致富意愿的农村致富带头人，充分听取他们的意见，引导他们多多参与到村务、政务上来，做好他们的思想工作，努力把他们吸收到村两委班子中来。

实施乡村振兴战略，首要任务是突破人才短缺的瓶颈。需将乡村作为干部配备的重要考虑对象，确保优秀干部能够下沉到基层，为乡村发展注入新活力。同时，必须将人力资本的开发置于战略高度，视为推动乡村振兴的首要任务。畅通智力、技术、管理等各类资源的下乡通道，构建完善的培养与激励机制，培育出深植乡土、具备专业技能与管理能力的本土人才作为乡村振兴的中坚力量。在此基础上，加快推进乡村治理体系和治理能力的现代化进程，以更加科学、高效、民主的方式管理乡村事务，提升乡村治理水平。谋划新时代乡村振兴的顶层设计，聚天下人才而用之。

（二）在要素配置上优先满足

在要素配置上优先满足乡村，资源要素与人要同步。管资源就是对人、机、料、法、环、信息流等管理要素实现合理配置，给人的工作行为规划路径，从而提高管理效率；管人就是对人的工作行为进行约束，使人在资源有效配置的路径中发挥更大的能动性，激发人的行为潜力，不断创新，实现企业最大效益。管资源与管人不能割裂开来，主观地进行对立，而是需要步调一致，共同作用、共同发力，在满足乡村要素优先配置后达到实现同一个管理的目标。

构建农村一、二、三产业融合发展体系，是中国特色社会主义进入新时代做好"三农"工作的总抓手，在有强大的经济实力支撑及各要素的支撑下，实施质量兴农战略。乡村是一个可以大有作为的广阔天地，它可以为我们再创机遇，要加强"三农"工作干部队伍的培养、配备、管理、使用，形成人才向农村基层一线流动的用人导向，培育文明乡风、良好家风、淳朴民风，加强农村基层党组织建设，走乡村文化兴盛之路。

（三）在资金投入上优先保障

1. 加大涉农资金整合

深度推进乡村振兴战略的落地实施，2017年12月，国务院出台《关于探索建立涉农资金统筹整合长效机制的意见》（以下简称《意见》），该意见旨在优化财政涉农资金的配置与使用效率。意见明确将财政涉农资金划分为两大核心板块：一是财政涉农专项转移支付资金，二是涉农基建投资资金。这一分类旨在更加精准地定位资金流向，确保每一笔资金都能有的放矢，发挥其最大效用。在"放管服"改革精神的指引下，进一步简政放权，将涉农项目的审批权限更多地下放至县级政府，赋予其更大的自主权。县级政府将依托乡村振兴战略规划的蓝图，灵活调配财政涉农资金，确保资金的使用紧密围绕乡村振兴的目标任务，形成强大的合力与绩效。同时，积极拓宽资金来源渠道，为乡村振兴提供坚实的资金保障。通过加强与相关部门的协同合作，不断调整和完善土地出让收入的使用政策，确保更大比例的资金能够精准投放到乡村振兴及农业农村发展的重点领域和关键环节。

2. 同时撬动金融资本投入

最大化财政资金的效用，采取一系列策略，旨在吸引更多金融与社会资本投入乡村振兴的伟大事业中。具体而言，将财政资金运作模式从传统的直接拨款向更为灵活的基金化、股权化方向转变，实现"资金转为基金、拨款转为股权、无偿支持转为有偿投资"的跨越。在农业产业化发展领域，持续加大统筹资金力度，专门设立农业产业化发展基金。积极与金融机构合作，探索多样化的金融产品和服务模式，为农业产业化项目提供全方位、全链条的资金支持。此外，为了解决新型农业经营主体在融资过程中遇到的困难，持续推动全省农业信贷担保体系建设，确保担保业务能够深入基层，为农业经营者提供及时的融资支持，真正为农业经营者解决融资难、融资贵的问题。同时，高度重视政策性农业保险的实施，积极争取扩大农业大灾保险试点范围，特别是在"政策险＋大灾险＋商业险"三级保险试点方面，加大投入力度，及时总结推广试点经验，支持各地探索开展商业性农业保险，为农业生产提供更加全面、更加有力的风险保障。

（四）在公共服务上优先安排

公共服务设施的建设在推动农村产业发展中发挥着重要作用。它们通过降低生产成本、提升生产效率和优化组织形式，直接为农村产业发展注入了强大动力，并为农村非农产业的发展提供了坚实的物质基础，不仅有助于农民收入的稳步增长，还显著提升了农村地区的整体福利水平。优先加强农村地区的公共服务设施建设，并将其置于公共服务的重要位置，可以有效推动传统农业向现代农业的转型，构建更加完善的农村产业链，进而优化农村的居住环境，提升农村居民的生活质量。

统筹城乡发展、规划合理布局，对乡村空间布局进行考虑分析，在村民居住集中的区域合理布局公共服务设施。在规划这些设施时，需充分考虑它们之间的互补性，通过一定程度的集中布局，使各类设施能够相互协作，发挥出最大的集聚效应。政府应当加大对农村公共服务设施建设的投入，确保设施的质量和服务的持续性。省级政府可以通过财政支持的方式，帮助基层政府解决财政困难，从而提升其提供公共服务的水平与质量。同时，也应推动服务主体的多元化，拓宽农村公共服务供给的渠道。

构建多元化的供给模式。目前，农村公共服务设施的供给主要依赖于政府和村集体，这种模式下市场竞争机制相对薄弱。为了提升服务质量和效率，要在未来的工作中更加注重发挥市场经济的调节作用。具体而言，应该积极引导企业、组织或个人参与农村公共服务设施的建设和供给，并通过法律规范等手段对供给主体进行统一管理，形成多中心的配置模式。这种模式将极大地扩大和增加公共服务设施使用者的选择范围和选择途径，不仅提升了服务的灵活性和多样性，还有助于吸引更多的资金投入。为了创新投融资机制，应积极构建一个吸引民间资金进入的融资平台，遵循市场经济规律，吸引信贷资金和社会资金的广泛投入，从而为农村公共服务设施的建设和运营筹集更多资金。

第三节 乡村振兴的总体要求

一、产业兴旺是实施乡村振兴战略的必然要求

乡村振兴的成败，其根本系于乡村经济根基是否稳固，生产力发展是否呈现蓬勃态势；乡村一、二、三产业是否能够齐头并进、繁荣兴旺。农村生产力的演进，每一阶段都有其独特的着力点与发展重点。"产业兴旺"这一概念，相较于传统的"生产发展"，不仅在层次上更为高远，且在内涵上更加丰富多彩。在党的十九大报告中，"产业兴旺"被置于乡村振兴战略总体要求的首要位置，这一战略部署深刻体现了我们党对于发展农村生产力这一核心任务的坚定信念与不懈追求。无论是在新农村建设的历史阶段，还是在当前乡村振兴的宏伟征程中，"产业兴旺"始终是引领农业农村发展的核心动力，是推动乡村振兴由蓝图变为现实的坚实基石与先决条件。只有通过持续推动农村产业的蓬勃发展，才能为农村地区注入新的活力，实现全面、可持续发展。

（一）加快转变农业发展方式的必然要求

自改革开放以来，历经40余载的风雨兼程，在系列精准农业政策的引领与激励下，我国农业生产效率显著提升，农村面貌焕然一新，农民收入实现了跨越式增长，"三农"领域成就斐然，令人振奋。然而，站在新的历史起点上，我国农业农村发展步入了转型升级的关键时期，国内外环境的深刻变革为其赋予了新的时代特征与挑战。当前，农业发展正遭遇多重考验：一方面，传统农业供给结构难以充分满足市场多元化、高品质的需求，农业竞争力有待增强；另一方面，农产品市场价格遭遇天花板效应，生产成本却持续攀升，加之生态资源环境的承载能力日益趋紧，构成了制约农业可持续发展的多重枷锁。面对这一系列新问题、新挑战，必须深刻反思，勇于破局，从根本上转变农业发展理念，加速推进农业

发展方式的深刻变革。

1. 大力提升我国农业产业化水平

农业产业化发展是重塑农业发展模式、重构工农城乡关系的重要力量。为加速实现农业现代化进程，必须深入调研各地实际状况，为各地量身定制农业产业发展政策。在保留并优化传统小农经济优势的区域，应聚焦于提升农业的专业化生产水平，通过科技创新与精细化管理，提高单位面积农业生产的投入产出效率，促进小农经济与现代技术的有机结合。对于那些自然条件优越、基础设施完善、适宜开展大规模机械化作业的地区，需勇于摒弃传统小规模、粗放型的生产模式，大力推广专业化、标准化、规模化的现代农业发展模式。不仅要引入先进的农业机械装备，还要配套建设完善的农业服务体系，包括农业技术培训、市场信息流通、农产品质量监管等，以实现农业生产的全面升级。此外，还应保持对农业现代化发展趋势的敏锐洞察，紧密结合本地实际情况，积极吸收借鉴国际先进经验和技术。通过政策引导、资金投入、科技创新等多维度举措，彻底扭转当前农业领域普遍存在的规模小、效率低、机械化不足等问题，推动我国农业向现代化、高效化、智能化方向迈进。

2. 大力提升农产品质量安全水平

质量安全作为现代农业的核心标志，其重要性不言而喻，它直接关系到民众的饮食安全与健康，进而影响民众对执政党的信任。食品安全不仅是关乎国计民生的大事，更是衡量社会发展质量的关键指标。近年来，我国农业领域积极实施提质增效战略，农产品供给结构持续优化升级，有效满足了人民群众日益增长的多元化、高品质消费需求，当前主要农产品的质量安全监测合格率均稳定保持在96%以上的高位水平。然而，食品质量与安全的保障工作是一项长期且复杂的系统工程，它与农业的发展阶段、发展模式紧密相连。尽管取得了显著成效，但确保农产品安全仍面临诸多挑战与严峻形势。因此，必须坚持源头治理与过程监管并重的原则，双管齐下，筑牢农产品质量安全的防线。

3. 大力提升现代化农业综合生产能力

农业综合生产能力反映了一个国家或地区在特定时间范围内，通过农业再生产过程所展现出的各种农业生产要素的整合与协调能力，进而形成的稳定且相对均衡的农业生产总产出水平。提升农业综合生产能力是推进农业现代化进程中的核心战略议题，对于乡村振兴战略的深入实施，特别是打赢产业兴旺这场硬仗而言，至关重要。在此过程中，深化科技在农业领域的融合应用，实现农业发展方式的根本性转变，是不可或缺的关键路径。同时，必须高度重视并加快培育新型职业农民队伍，他们是推动农业现代化的主力军。同时，大力发展现代种业，积极扶持并打造一批具有创新能力的种子企业，以科技引领种业革命，为农业生产提供高质量的种子保障。此外，加速农业机械化进程，提高农业生产效率和机械化覆盖率。通过引入先进适用的农业机械装备，减轻农民劳动强度，提高农业生产精准度和效益，为农业现代化注入强大动力。

（二）进一步优化农业产业结构的必然要求

农业产业结构是指在农业生产和发展进程中，各产业之间的实际分配比例及其相互关系，涵盖了生产结构、产品结构以及品种结构等多个方面。改革开放40多年来，我国农业生产领域实现了全面而深刻的变革与进步。农业产业结构经历了持续的调整与优化，变得更加合理与高效。农产品不仅满足了人们的基本生活需求，更实现了质的飞跃，同时，农产品市场供应日益多样化、丰富化，给消费者提供了更加广阔的选择空间。更为重要的是，农业农村经济的持续发展态势依然强劲，成为推动国家经济稳定增长的重要力量。在新的历史时期，正确认识农业产业结构对农业乃至农村发展的重要意义，并以此为根据，不断优化调整农业产业结构，构筑现代农业产业结构体系，是实现乡村振兴战略的客观要求。

（三）充分激发"三农"发展增长内生动力的必然要求

乡村振兴战略，从根本上来讲依旧是发展问题。乡村振兴的核心动力源自深度激活广大农民在乡村振兴战略中的主体地位。要确保农民在乡村资源分配中享有优先权，同时赋予他们更多的发展权益，以此激发农民群众内在的积极性和创造力，让他们成为乡村振兴的主力军。这样一来，能在全国范围内营造出一种新时代社会主义风尚，彰显出"三农"事业发展的无限潜力和农民职业的伟大价值。

1. 以系统政策助推"三农"工作内生创新动力

在乡村振兴战略的实施过程中，必须毫不动摇地坚持农业农村优先发展的战略导向，将其深度融合于国家全面深化改革的壮阔画卷之中。要坚持以全面深化改革引领乡村振兴，通过精准施策，直击要害，彻底破除束缚"三农"高质量发展的体制机制桎梏，为乡村振兴开辟广阔道路。面对"三农"事业发展的新阶段、新挑战，应敏锐捕捉新情况、新特点，勇于创新，不断完善农业产业支撑体系，构建一个更加高效、协同的农业生态系统，优化农业资源全要素的配置机制，促进各类生产要素在农业领域的自由流动与高效整合,从而激活"三农"发展的新引擎,为农业提质增效、农民增收致富、农村繁荣富裕注入强大动力。最终,乡村振兴的成果必须惠及广大农民群众,让他们切实感受到政策带来的红利,成为改革红利与乡村振兴战略的最终受益者。

2.大力扶植以农民为主的"三农"新型经营主体

乡村振兴战略的要义在于汇聚并培育一群对农业充满热爱、对乡村饱含深情、对农民心怀关爱的优秀人才,让他们带着对土地的深厚眷恋和对"三农"事业的无限热忱,深入乡村腹地,成为推动乡村繁荣振兴的中坚力量。在这一过程中,农民群体不仅是受益者,更是最为积极、最为活跃的参与者与创造者。为了充分发挥他们的作用,要通过全要素整合和创新培训等手段,着重加强家庭农场和农民合作社这两类新型农业经营主体的培育,激发他们边干边学、边学边干的奋斗精神,鼓励他们运用新理念、新技术、新模式,更有效地开发和利用农业农村资源,从而推动乡村振兴战略的深入实施。同时,既要加大对本土人才的培训力度,又要不断引导外界人才到乡村实现自身价值。不断创新农村人才选拔、培养体系,突出人才在乡村振兴过程中的重要作用。

二、生态宜居是实施乡村振兴战略的关键

乡村生态宜居建设是乡村振兴战略的核心环节,也是推动城乡融合发展的关键所在。随着乡村振兴战略的深入推进,乡村生态宜居建设将迈入一个崭新的发展阶段,由过去单纯追求发展速度转向注重内涵品质的提升。这一转变体现了对"生产、生活、生态"三位一体的乡村可持续发展模式的深入探索,旨在打造一种内生性的低碳经济发展方式,让乡村成为生态宜居的美好家园。

良好生态环境是农村最大的优势和宝贵财富。生态宜居的理念远不止于"村容整洁"这一层面,它更强调人与自然和谐共生,倡导农村生态建设从外在环境到内在人文的全方位提升。乡村振兴战略精心绘制出一幅令人向往的乡村图景——"山峦叠翠可远望,碧水潺潺入眼帘,乡愁悠悠心间留"。这一战略不仅积极响应国家生态文明建设的号召,更是将人民群众对美好生活的深切向往转化为现实图景的生动实践。整洁的村容村貌如同精心雕琢的艺术品,展现出乡村独有的韵味与魅力;清新的生态环境如同天然氧吧,让人心旷神怡,忘却尘嚣;适宜的居住条件则让农民朋友们在劳作之余,也能享受到现代生活的便捷与舒适。随着城镇居民纷至沓来,乡村的第三产业也迎来了前所未有的发展机遇。农家乐、

民宿、乡村旅游等新兴业态如雨后春笋般涌现，不仅为乡村经济注入了新的活力，也促进了城乡之间的交流与融合，让乡村振兴之路越走越宽广。在农民基本生活需求得到满足的今天，更有必要将"生态宜居"作为乡村振兴的核心要义，推动乡村全面振兴。

（一）"两山"理念是乡村振兴战略的重要支撑

产业生态化与生活宜居化并驾齐驱，构成了美丽乡村建设核心驱动力。生态友好的农业生产模式与和谐宜人的生活环境相互映衬，吸引着优秀人才、尖端技术及充裕资本汇聚农村，这些关键要素的涌入为乡村振兴注入了强劲动力。这股力量催生一系列超越传统范畴的现代高附加值产业。例如，蓬勃发展的现代观光农业，将田园风光与休闲体验完美融合；有机生态农业则以绿色健康为理念，引领农业向更高品质迈进；乡村生态旅游产业则充分挖掘地域特色，打造独具特色的旅游体验，让游客在享受自然之美的同时，也促进了当地经济的繁荣。这一系列的转型不仅推动了传统农业向更加高效、生态、可持续的方向迈进，同时实现生态宜居和农民收入的持续提升，真正践行"两山"理念。此外，这一转型还将促进乡村观光农业、有机农业、高端生态游以及农业互联网等产业的健康有序发展。通过围绕"两山"理念深化乡村振兴战略，把农村地区打造成为宜居宜业的生态高地，为乡村振兴奠定坚实的生态战略基础，从而推动农村地区的全面、协调、可持续发展。

面对当下我国农村发展形势，生态产业已然成为搞好乡村振兴战略必不可少的一环，集中力量搞好生态产业支撑，是习近平总书记所倡导的"绿水青山就是金山银山"的内在要求。

（二）生态经济融合发展是乡村振兴的强大推动力

改革开放四十多年来，党的"三农"政策从美丽乡村建设到乡村振兴战略，都致力于构建具有中国特色的生态宜居美丽乡村集群。这一政策不仅体现了国家对农业、农村、农民问题的深刻理解和全面把握，也彰显了党推动农村可持续发展、提升农民生活品质的坚定决心。

乡村发展资金的短缺与建设周期的相对漫长限制了乡村建设的步伐，使得生态宜居乡村建设的进展较缓慢。部分地方内生性增长动力不足，直接或间接地导致了乡村基本公共设施建设滞后和养护不足。因此，亟须加强乡村人居环境、卫生环境和生态环境的整治工作，确保乡村的可持续发展。在推动乡村振兴战略实施的过程中，广大乡村基层干部应始终怀有"功成不必在我"的历史担当精神；

应尊重科技、运用科技，对生态资源环境进行保护和修复，以确保乡村的生态环境质量得到提升；应基于客观发展规律，结合各地的实际发展情况，因地制宜地开展乡村生态环境治理和种植养殖模式的变革，这样不仅能够提高农业生产的效率和质量，还能促进乡村经济的绿色发展。与时俱进地生产更多绿色有机生态农业产品，将有助于将乡村的生态优势转化为乡村振兴的生态经济优势。这不仅能促进乡村经济的可持续发展，还可以从根源上打通生态和经济的循环圈，实现乡村的全面振兴。

三、乡风文明是实施乡村振兴战略的保障

乡风文明作为中华民族悠久文明史的重要组成部分，不仅是农村精神文化的根基，更是迈向现代化强国不可或缺的追求目标。在当前的时代背景下，乡风文明不仅涵盖现代文明的全面要素，更在内容上要求更为丰富，标准上要求更为严格，以期在传承与创新中不断提升乡村文明水平。不断突出乡风文明的重要性，进一步提升农民的思想道德水平，是促进农村社会全面进步的必然要求。

（一）乡风文明是一项长期系统工程

强化乡风文明建设，既是我国乡村发展取得辉煌成就的关键法宝，也是新时代乡村振兴不可或缺的核心要素与精神基石。要持之以恒地推进乡风文明建设，扭转以往过分偏重经济发展而忽略文化建设的发展模式，从根本上铲除经济至上、文化贫瘠、德孝式微、邻里不和、干群关系紧张等危及乡村社会稳定根基的顽疾，为乡村振兴战略奠定坚实的乡风文明基础，实现农民物质与精神的双重富足。不仅要让农民的钱袋子鼓起来，住进宽敞明亮的房屋，更要让他们的精神世界得到滋养，心灵得到慰藉，从而使他们展现出积极向上、和谐共融的乡村新风貌。

回溯历史长河，不难发现，那些乡风文明建设卓有成效、乡村文化传承深厚的地区，乡村整体发展水平往往显著超越周边地区，成为时代的典范。乡风文明建设绝非一蹴而就的短期行为，更不应陷入急功近利的误区，而是需要持之以恒、稳步推进的长期战略。满足人民日益增长的美好生活需要，是乡风文明建设的根本出发点和落脚点，需要政府、社会、农民等多方共同努力。乡村文化，作为中华文化的重要组成部分，其独特魅力不仅体现在丰富多彩的乡村风俗和民间信仰之中，更深深植根于村落的结构布局、山水间的自然风情之中。因此，乡村振兴之路，必须是一条既注重经济发展又强调文化传承的双向并进之路。

（二）乡风文明是乡村振兴的灵魂

乡村振兴的征程中，乡村文化的滋养不可或缺，而乡风文明正是这一文化的核心载体。在乡村振兴的每一个关键阶段，乡风文明都扮演着无可替代的角色，它不仅是乡村振兴的精神支柱，更是推动其持续发展的灵魂所在。

1. 乡风文明建设助推乡村产业发展

乡风文明和乡村产业之间并不是相互割裂的关系，而是相互统一的关系，乡风文明的提升可以为乡村产业提供具有更高精神素养和智力保障的基础性人才，以带动乡村产业的繁荣；乡村产业的繁荣又可以反过来助推乡风文明的提升。

2. 乡风文明助力生态宜居乡村建设

乡风文明与生态宜居相辅相成，文明的乡风有助于形成精神层面的宜居生活；同时，随着乡风文明的提升，使得乡村居民更注重生态环保，进一步助推生态宜居美丽乡村建设。

3. 乡风文明助力提高乡村振兴治理效能

乡风文明有助于提升乡村居民精神乃至思想道德水准。风俗习惯、思想道德作为乡风文明的重要载体，其水平的提高能够有效提升乡村社会的治理效能。不断完善"三治"（自治、德治、法治）结合的治理体系，能够有效提升乡村治理的能效性。

4. 乡风文明助推生活富裕早日实现

乡风文明的提升可以带动传承和发扬优秀的历史文化。一方面将这些文化的因素融入农产品产业链之中，可以有效增加农产品的附加值；另一方面将这些文化因素融入农产品品牌之中，可以有效增加品牌的知名度，凸显品牌效益，有利于助推生活富裕的目标早日实现。

（三）乡风文明是乡村文化的重要载体

1. 新时代的乡风文明是优秀传统文化和现代文明的有机结合

我国的乡风文明建设具有传统文明和现代文明的双重属性，更有利于弘扬中华传统文化。结合"五位一体"总体布局与新发展理念，乡风文明建设能够更加有效地在广大乡村地区培育符合社会主义核心价值观的优秀乡风、村风、家风。

2. 新时代的乡风文明是乡村文化与城市文化的深度融合

新时代提出的乡村振兴战略，一方面要重振流传已久的优秀乡村文化；另一方面要结合城市特点,让广大农民群众更多地分享城市和工业化发展所带来的红利。推动城乡文化深度融合,形成家风和谐、乡风文明、生活宜居、生产方式现代化的乡村振兴局面,助推乡风文明进一步提升。

3.新时代的乡风文明是中国文化与世界文化的深度融合

中华文明犹如璀璨星辰,历经无数朝代的兴衰交替而依旧熠熠生辉,其根源之一是乡村将中华文明的精髓与瑰宝守护与传承下来,使得这份古老而灿烂的文明得以历久弥新,长盛不衰。乡村振兴的提出、乡风文明的建设,实质上就是要重振中华民族优秀文化,并通过融合世界其他先进文明成果,不断增强文化自信,助力乡村早日振兴。

四、治理有效是实施乡村振兴战略的基础

从"管理民主"到"治理有效",这是新时代提出的新要求,其中孕育的内涵也变得更加深刻。既反映了基层治理工作中思路和理念的转变,又彰显了"三治"(自治、法治、德治)结合在基层治理工作中日益凸显的重要性,推进乡村治理更加有效。

(一)自治是乡村治理有效的重要基础

在我国,实现乡村治理有效,一定要充分发挥村民自治的重要作用。由于我国乡村地区所占国土面积广大、乡村人口基数庞大,广大乡村地区熟人社会的基本面貌依旧没有变。乡村治理情况错综复杂,单纯依靠法治和德治难以取得较好的乡村治理效果。

乡村治理必须坚持人民至上的根本政治立场,并将其作为一切工作的出发点和落脚点。在深入实践、不断探索乡村治理新路径的过程中,首要之务是确保党对"三农"工作的领导。同时,还应充分激发农民群众自我管理、自我服务的内在动力。不断完善以村党支部和村委会为核心的农村基层治理体系,构建起一个既充满活力又高效有序的治理架构。在此基础上,加强村规民约等村民自治制度的建设,让规则意识深入人心,成为引导村民行为、维护乡村秩序的重要力量。此外,强化村民的法治意识和德治思维也是不可或缺的一环。通过普法教育、道德讲堂等多种形式,不断提升村民的法律素养和道德修养,让法治成为乡村治理的坚实后盾,让德治成为乡村社会和谐稳定的润滑剂。在涉及广大村民切身利益的重大事项上,坚持共商共议,群策群力,及时同党员及村民代表共同研究决策。

在乡村治理过程中，必须始终注重充分发挥好广大村民的主体作用。首先，要充分借助乡村熟人社会的特殊优势，科学推进好农村基层"两委"选举工作。在切实保障村民选举权益的基础上，进一步规范选人、用人程序，鼓励广大村民积极参与到村里的各项管理事务之中。其次，要立足"三农"工作实际，切实保障广大村民参与乡村管理事务的合法权利。通过创新工作方法，更好地开展乡村治理各项工作，创造性地让更多村民切实参与到乡村振兴发展事务的管理决策之中，为实现乡村善治的终极目标打下坚实的自治基础。最后，要从不断健全完善制度建设方面入手，充分发挥乡村村民议事会、监事会等自治组织的监督管理作用，确保乡村村务、财务、政务等事项在阳光下公开运行。

在乡村治理过程中，必须始终注重发挥自治在乡村振兴治理有效环节中的重要基础性作用。我国实现村民自治的重要目的，就是将国家保障全体人民当家作主的根本性政策落实到国家治理和社会生活的各方面和全过程。在推进乡村振兴战略过程中，让广大村民在法治和德治的保障下，以自治为核心，依托"村民直选"等民主选举、决策、管理、监督机制，充分发挥广大村民自我管理的乡村自治优势和人民当家作主的制度优势，将治理有效这个乡村振兴战略的重要抓手切实落到实处。

（二）法治是乡村治理有效的重要保障

中国特色社会主义乡村法治建设的根基在广大基层，基层法治建设的最薄弱领域在我国广大的乡村地区。建设新时代法治乡村，把乡村各项工作纳入法治化轨道，坚持走法治化道路，是增强乡村基层治理能力的治本良方。

不断加强和完善法治建设，努力建设中国特色社会主义法治乡村。当前，农村法治建设面临着多重挑战，亟待解决。比如，提高农村法治体系的严谨性和适用性；进一步明晰农村产权制度，以保障农民权益和激发农村活力；不断更新和完善相关法律法规；进一步加强法规的可操作性，以确保法律条款能够真正落地生根，为农村法治建设提供坚实的支撑。坚持法治为本，牢固树立依法治理理念。在实施乡村振兴过程中，要逐步加强立法建设，完善乡村治理过程中的相关法律法规，为乡村社会治理提供根本性制度保障。针对农村产权不清晰的问题，要实事求是地通过调查研究，摸清农村土地承包"三权分置""两权抵押"等涉及广大农民根本利益的实际情况，因地制宜地做好制度设计，并配套完善相关政策措施，做到成熟一项就全面推广一项，从根本上确保农村稳定局面不动摇。针对涉农土地和房屋流转、交易等难题，要不断完善基层立法和法治建设，进一步平衡好涉农各方利益关系，逐步建立健全乡村调解、县市仲裁、司法保障的农村土地承包经营纠纷调处机制。

不断加强和完善法治建设，始终以维护和保障广大农民群众合法权益为党和政府法治工作出发点。《关于实施乡村振兴战略的意见》中明确强调，强化法律在维护农民权益、规范市场运行、农业支持保护、生态环境治理、化解农村社会矛盾等方面的权威地位。在实施乡村振兴战略过程中，要通过法治乡村建设，充分发挥法律法规的有效治理作用，从维护广大农民合法权益出发，不断增强基层干部法治为民的观念意识，将各项涉农工作纳入法治化轨道。政府充分发挥法治维护广大乡村社会稳定发展的基础性作用，并积极顺应广大农民群众法治诉求，健康有序地开展好乡村普法工作。通过不断理顺乡村社会利益关系，为化解乡村社会矛盾提供相关制度供给，实现农村法治建设工作良性运转。针对各种涉农犯罪、乡村治理难题，一方面要从司法机关日益增强打击力度入手，另一方面要不断完善健全农村法律服务体系和多元化纠纷解决机制。在实施乡村振兴战略过程中，要充分发挥法治在乡村振兴战略中的重要基础性保障作用，不断扩大广大乡村法律服务覆盖范围，不断完善农村法律服务体系和多元化纠纷解决机制，加强对农民的法律援助和司法救助，将矛盾纠纷化解在基层、消除在萌芽状态。同时，进一步加强对农村地区的普法力度，不断提高农民的法治素养，引导农民群众懂法、知法、守法，不断提升其运用法律武器维护自身合法权益的能力。

不断增强基层干部的法治观念和依法为民服务意识，切实将政府各项涉农工作纳入法治化轨道。法治是我国国家意志的重要体现。加强对各级干部尤其是乡村基层干部的法治教育，不断增强他们的法治观念、法治为民的意识，不断提高他们的法治素质，不断提升依法施政水平和施政能力，才能实现法治引领和保障下的乡村社会公平正义，从根本上充分保障好广大农民群众人身权、财产权等合法权益。完善农村基层法治机构、机制，不断改善农村基础设施条件，鼓励法治干部下到农村基层活动。

（三）德治是乡村治理有效的有力支撑

将德治作为立足点，以乡村的传统伦理道德规范为基石，构建乡村社会治理的基本规范，从而实现以德治为引领的乡村高效治理，为乡村的繁荣与和谐奠定坚实基础。

1. 以德治为基，培育良好乡风村风民风

德治是乡村治理的灵魂所在。我国广大乡村良好社会风尚的培育、乡村治理

凝聚力的提升，都要植根于乡村德治的道德文化建设之中。此外，要充分发挥德治在法治与自治之间不可或缺的重要灵魂凝聚作用，切实推动广大乡村地区形成有效治理合力。在实施乡村振兴战略过程中，我国广大乡村地区一定要立足德治，依托德治教化作用，大力弘扬社会主义核心价值观，充分发挥德治引领乡村振兴战略有效实施的重要作用，不断培育新时代良好乡风村风民风。

2. 以乡贤为引领，重塑文明乡风

中国传统乡村社会始终承载着深厚的重贤、尚贤的文化底蕴，这种风尚孕育出了独具中国特色的乡贤文化。一批批乡贤，凭借自身的威望、高尚的品行和卓越的才学，自觉承担起凝聚族群、传承祖训的重任，他们不仅是乡村社会中优秀道德和淳美家风的典范和引领者，还是族人及乡民行为规范的监督者和执行者。他们积极承担了慈善、教化、纠纷调解等社会职能，深度参与了乡村社会的共同治理。因此，在实施乡村振兴战略的过程中，亟须一批具备奉献精神的新乡贤回归乡村，共同重构并传承传统乡村文化。这些从乡村走出去的精英，或出仕，或求学，或经商，当他们返乡时，都将以自己的经验、学识、专长、技艺、财富以及文化修养参与到乡村建设和治理中，以自身的文化道德力量教化乡民、反哺桑梓、泽被乡里、温暖故土，凝聚乡村人心、促进乡村和谐、重构乡村传统文化，充分发挥新乡贤协助政府治理的重要职能作用。实施乡村振兴战略，需要努力推动形成以乡情为纽带，以乡贤为楷模，以乡村为空间，以实现乡村经济发展、社会稳定、村民安居乐业为目标的乡贤文化，生成一种教化乡里、涵育乡风文明的重要精神力量。

坚持以中华民族优秀传统文化为根基，大力培育乡村德治新风尚。中国自古以来就是一个以农业为根基的文明古国，深厚的中华民族传统文化犹如甘泉，滋养着历代乡村的文明演变与发展，为乡村社会注入了深厚的文化底蕴和持久的生命力。实施乡村振兴战略，要继续坚持弘扬与倡导新时代的乡村德治文明风尚观，继续大力开展好乡村精神文明建设，继续不断完善新时代的乡风民俗、村规民约，持续发力。

五、生活富裕是实施乡村振兴战略的根本

要达成"生活富裕"这一根本目标，必须将人民群众对美好生活的深切期盼作为不懈追求的动力源泉。这意味着，在推动经济社会发展的过程中，必须始终坚持以人民为中心的发展思想，将保障和改善民生作为工作的重中之重。通过

持续的努力，着力解决民生领域的短板，还要致力于促进社会公平正义，确保全体人民在共建共享的发展格局中享有平等的权利和机会，实现全体人民的共同富裕。

（一）加快发展高质量农业

坚持以农业供给侧结构性改革为主线，以保障农产品质量、农业生态环境安全为基点，优化空间布局，突出农业绿色化、优质化、特色化、品牌化。坚持市场导向，推进农业标准化生产，加快发展"三品一标"农产品，增加绿色、有机安全和特色农产品供给。将品牌建设与粮食生产功能区、重要农产品生产保护区、特色农产品优势区和现代农业产业园、创业园、科技园建设以及绿色食品产品认证紧密结合，突出抓好品牌建设、品质管理，支持建设一批地理标志产品和原产地保护基地，开展中国农业品牌提升活动。加快推动农业实现高质量发展，构建一个全面而科学的考核评价体系。在这个体系中，环境友好、绿色发展、质量安全以及有效带动小农户增收等因素将被列为关键考核指标，有效引导人才、科技、装备等各方力量聚焦到质量兴农的战略上来，共同推动农业向更高质量、更可持续的方向发展。围绕薄弱环节、重点领域，出重拳、求突破，运用信息化手段推动工作，推进互联网、大数据、人工智能等与农业深度融合，加强农业执法监管。大力推进化肥农药零增长行动，深入开展农产品质量安全专项治理行动，保障农产品质量安全。

（二）增加集体和农民收入

促进农民增收历来是解决"三农"问题的关键。因此，实施乡村振兴战略的核心任务便是提高农民收入水平，采取切实有效的措施，拓展增收空间，深挖增收潜力，确保农民增收的质量和水平稳步提升。着重提升农产品的质量和效益，将优质、绿色、生态、安全的农产品生产置于重要位置，并积极培育农产品品牌，让好产品赢得更好的市场回报。同时，结合农业绿色发展的要求，广泛推广节水、节药、节肥、节电、节油等先进技术，以降低农业生产资料、人工和流通等成本，实现节本增效。此外，引导发展适度规模经营，通过扩大生产经营规模，可以进一步增加农民收入。同时，充分发掘农业的多功能价值，培育休闲农业、乡村旅游、创意农业、农村电子商务等新兴产业和业态，为农民开辟更多增收的新渠道。充分利用好、整合好现有政策，多渠道实现农民工返乡创业，营造浓厚的返乡创业氛围，破解返乡创业和新产业、新业态发展的突出瓶颈，并引导其成为农业农村发展的新增长点。赋予农民更多的财产权利。目前，广大农村地区依然有许多尚未充分发挥作用的潜在资产，它们尚待转化为农民们的实际收入。要积极推进农村集体产权制度的改革步伐，进一步拓宽改革的试点范围。具体来说，要将农村资产进行确权量化，确保每一户、每一位农民都能明确自己的产权份额，从而有效盘活这些资产，实现资源向资产的转化，资金向股金的转变，以及农民身份向股东的升级。这样，更多的农民将能够享受到改革带来的实际利益，享受到改革红利。

深化农村集体产权制度改革并持续推动集体经济的壮大，是确保农民群众财产权益得到根本保障的关键所在。从各地的实践来看，农村集体经济发展已经取得了不少积极探索和显著成效。一些村庄利用尚未承包到户的集体"四荒"地（荒山、荒沟、荒丘、荒滩）等资源，通过集中开发或公开招投标的方式，成功引入了现代农业项目，有效提升了土地价值。另一些集体经济组织则深挖本地文旅资源，积极发展休闲农业和乡村旅游，不仅增加了农民收入，还带动了集体经济的增长。此外，部分集体经济组织还通过利用自身的房屋、厂房等资产，采用出租或入股的方式，实现集体收入的多元化增长。

（三）促进农业劳动力转移就业

实施乡村振兴战略，促进农民生活富裕，就必须根据经济结构调整和劳动力市场出现的新变化，持续推动人才、技术、资本等资源要素向农村汇聚，不断提升农村劳动力技能和水平，多渠道促进农村劳动力向非农产业和城镇转移就业。

要大力加强职业技能培训，并不断对培训补贴政策进行完善，以此来提高农民的整体素质，使农民在进城务工时更具竞争力，更好地适应市场需求。同时，积极引导农民工返乡创业，并鼓励他们利用"互联网+"这一平台，发展综合集成产业，将多种功能集于一体。在引导农民工返乡创业的过程中，应鼓励他们与本地农民、城乡各类企业、科研机构以及社会组织建立多层次、多方位的合作机制。通过形成经营共同体和利益共同体，可以共享资源、降低成本、提高效益，并推动农村经济的持续健康发展。大力发展劳务中介组织，搞好协调服务，促进农村劳动力有序转移，确保农民收入持续快速增长。加快建立农村劳务输出的协调服务机构，健全农村劳务输出信息网络，有组织地开展农村劳务输出。完善创业担保政策，建立创业风险防范机制，为返乡下乡创业人员提供坚实后盾，减少返乡创业人员的后顾之忧。完善就业失业登记制度，为包括农村转移劳动力在内的所有劳动者免费提供就业指导信息，推进公共就业、创业服务专业化、信息化、公开化、透明化，建立健全覆盖城乡的公共就业服务体系。

（四）加强农村公共事业

共同富裕不仅是中国特色社会主义的固有特性和基础要求，同时也是乡村振兴不可或缺的内在驱动力和发展导向。要确保乡村人口这一庞大群体，能够逐步从基本宽裕迈向更加富裕的生活状态。乡村振兴的核心理念正是根植于实现共同富裕的宏伟目标之中，它要求充分调动农民的积极性与创造力，将他们对美好生活的深切期盼转化为推动乡村振兴不可或缺的强大动力。要围绕老百姓最关心、最直接、最现实的利益问题，把事情一件一件办好。

1. 推动城乡基础设施互联互通

完善交通、物流和仓储基础设施，强化水资源、能源和通信等基础保障，实施数字乡村战略，构建清洁高效能源体系，推动城乡基础设施互联互通，促进农村基础设施提档升级。积极完善农村地方互联网覆盖程度，开发"互联网+"信息产品以适应"三农"发展。深化农村能源服务体制机制创新，构建"清洁高效、多元互补、城乡协调、统筹发展"的现代农村能源体系。

2. 构建农村公共服务体系

扎实实施农村人居环境整治三年行动计划，聚焦农村垃圾、污水治理，综合提升村容村貌，给农民一个干净整洁的生活环境。优先发展农村教育，重点发展农村医疗，持续优化社会保障，构建覆盖城镇、普惠共享、公平持续的基本公共服务体系。加强新型农民职业教育，建立与区域经济社会、现代产业体系和社会就业发展需求相适应、相互衔接、协调发展、开放兼容的现代职业教育体系，逐步分类推进中等职业教育免除学杂费。

第四节　乡村振兴的发展目标

一、第一步（2018—2020年）发展目标

2020年，构建了基础制度，打赢了决胜脱贫攻坚战。回顾过往，2018年是实施乡村振兴战略的开局之年。当时按照第一步到2020年的基本要求，这个阶段主要解决两方面的问题：一是形成全面系统的乡村振兴制度框架及政策体系，二是助推决胜脱贫攻坚战。

（一）形成全面系统的乡村振兴制度框架及政策体系

乡村振兴涉及农村的经济、政治、文化、社会、生态等方方面面，需要从全局上进行制度设计。从整体上看，这一阶段从总体上协调推进了各方制度设计，用一个制度去助推带动另一个制度，做到了"1+1＞2"的效果，在乡村振兴战略的开局之年打好了关键战役。在此基础上，注重政策体系平台的搭建，使之成为源源不断提供制度创新的源泉。

（二）助推决胜脱贫攻坚战

作为全球最大的发展中国家，中国亦面临人均收入水平相对较低、区域发展不均衡，以及显著的城乡二元结构等普遍存在于发展中国家的挑战。自党的十八大以来，在党的领导下，全国上下齐心协力，在脱贫攻坚战中取得了具有决定意义的胜利。这一胜利不仅是实施乡村振兴战略不可或缺的基础和前提——乡村无法在未摆脱贫困的阴影下实现真正的振兴——同时也为后续的乡村振兴之路奠定了坚实的基础。在具体推进脱贫攻坚的过程中，高度重视政策执行后的多方面反馈，确保能够迅速识别并纠正政策执行中可能出现的问题，同时不断总结扶贫工作的宝贵经验，以防贫困问题在未来成为乡村振兴道路上的绊脚石。

二、第二步（2021—2035年）发展目标

2035年，乡村振兴取得决定性进展，农业农村现代化基本实现。党的十九届五中全会的召开，开启了全面推进乡村振兴的新征程。作为实施乡村振兴战略的第二步，重点要在第一步已经建立的制度框架下，走好中国特色社会主义乡村振兴道路，统筹解决城乡二元矛盾、集体经济的实现、农业供给侧结构性改革、绿色发展、文化传承、乡村治理等重大农村问题。

（一）推动城乡融合发展，破除城乡二元结构

随着工业化、城镇化的快速推进，城市发展日益繁荣，而乡村却面临衰败的可能，迫切需要通过重塑城乡关系，建立城乡融合发展体制机制，破除城乡二元结构机制，让农村、农民、农业能够分享城市发展所带来的红利。通过"交通革命"，农民可以开拓视野"走出去"，参与更加丰富的社会分工；城市居民可以"引进来"，感受乡村大好宜居生活的同时，有效带动当地农民增收。

（二）创新集体经济的实现模式，巩固和完善农村基本经营制度

不断探索在家庭联产承包责任制、统分结合的双层经营体制的基础上，符合中国特色社会主义国情的农村集体经济实现模式。在坚持土地集体所有制不动摇、确保土地承包关系长期稳定的框架下，创新土地经营机制，以不断巩固并优化农村的基本经营制度，消除一切制约农村经济发展的障碍与束缚，为农村集体经济的蓬勃发展开辟广阔空间。

（三）推动农业供给侧结构性改革，调整农业产业结构

长期以来，我国农村地区深受人多地少矛盾的困扰，农业发展效益相对低下，农产品市场普遍遭遇供需失衡与附加值偏低的问题。在确保国家粮食安全的前提下，坚定不移地推进农业供给侧结构性改革，通过优化农村产业结构，构建以适度规模种植与农业社会化服务深度融合为核心的现代农业经营体系，促进农产品市场的深度拓展，鼓励农产品"走出去"，为小规模农户搭建起连接广阔市场的桥梁，从而确保农民收入持续增长。同时，积极拥抱现代化科技，特别是"互联网+农村"等新兴理念，推动其在农业领域的深入应用与实践，有效缓解农产品供需错配、产销脱节等难题，为农业的持续健康发展注入强劲动力，助力乡村迈向更加繁荣富强的未来。

（四）全域推进绿色发展，保障人与自然和谐共生

过去几十年的发展过程中，表现出来的是粗放型增长、高能耗及高污染的特点，这种模式虽带来了经济上的快速增长，却也给我国的生态环境造成了不可忽视的损害。特别是在农村地区，由于特殊的历史背景和发展轨迹，其发展水平长期滞后于城市，面临着更为严峻的生态环境挑战。农村生态环境问题尤为突出，垃圾、污水、粪便以及秸秆等的处理不当，加剧了农村环境的恶化，严重影响了农民的生活质量和健康水平。面向未来，必须深刻反思并彻底转变这一发展模式，坚定不移地走集约型、低污染、低能耗的绿色发展道路。在农村地区，更是要全力推动全域绿色发展，通过科技创新、政策引导、公众参与等手段，全面提升农村生态环境质量。

（五）重振乡村文化，实现乡村精神振兴

迈入新时代，随着人民物质文化需求的渐次满足，精神层面的需求日益凸显

出来。尽管农村物质条件显著提升，但是，文明的乡风、优良的家风以及淳朴的民风却面临式微的困境，这一现象不仅构成了农村现代化建设的重大障碍，也拖慢了乡村全面振兴的步伐。因此，重振乡村文化成为当务之急，需同步推进物质文明与精神文明的建设，让中华民族丰富的乡村文化遗产在新时代焕发出更加耀眼的光彩。

（六）创新乡村治理体系，营造治理有效乡村新面貌

伴随农业产业不断兴盛、农村经济不断壮大、农民收入不断增长，部分农村地区却出现了治理危机，村容、人文、生态环境等衰势已显，迫切需要创新乡村治理体系，应对乡村治理危机。要注重将乡村的传统治理资源与现代治理理念相结合。通过自治的方式，有效化解乡村内部的矛盾与纷争，实现和谐稳定。同时，法治的力量不可或缺，它能够明确界定权利与义务，确保乡村社会的公正与公平。此外，德治的力量同样重要，它能够如春风化雨般滋润人心，提升乡村社会的道德风尚。积极探索并建立一种政府负责、社会协同、公众参与、法治保障与村民自治的良性互动机制，确保政府在乡村治理中发挥主导作用，同时充分调动社会各方面的积极性与创造力，形成合力，共同推动乡村社会的善治。

三、第三步（2036—2050年）发展目标

2050年，乡村全面振兴，农业强、农村美、农民富全面实现。文化复兴成为推动社会进步的重要引擎，而乡村振兴则迎来了最为关键的决胜时期。展望未来，中国农业与农村将迈入现代化的门槛，乡村振兴步入最终冲刺阶段。这一阶段致力于彻底攻克前两个发展周期中遗留的顽疾与挑战，基于前期乡村振兴战略实施的经验总结与成效评估，灵活调整策略，确保每一步都精准对接实际需求。作为乡村振兴征程上的最后也是关键的一步，聚焦于核心难点与重点领域，发起决胜攻坚战。

当前阶段，乡村文化、生态环境与社会治理构成了亟待解决的三大核心挑战，而乡村文化的振兴无疑是其中的重中之重与最大难点。这一进程不仅是一场持久战，更是一项复杂的系统工程，无法一蹴而就。它要求我们在人才培育、思想引导、道德建设及综合素养提升等多个维度上持续发力，形成全方位、多层次的推进策略。与此同时，完善基层设施建设亦不可或缺，包括建设各类文化阵地、打造特色文化角等，为乡村文化活动的开展提供有力支撑。在此基础上，营造浓厚

的文化氛围,让文化成为乡村生活的有机组成部分,并通过长期而系统的培养,逐步推动乡村文化的全面振兴。

当乡村文化得到全面振兴时,乡村的生态环境和社会治理等领域也将迎来显著的改善。这种改善将促进人与自然、人与社会之间的和谐互动与良性循环,从而在乡村构建起一个物质与精神双重繁荣的局面。这样的发展将推动乡村实现全面的振兴,不仅提升物质生活水平,更在精神层面实现深层次的提升。

第二章　乡村建筑改造的发展历程和存在的问题

　　随着城市化进程的加速和乡村振兴战略的实施，乡村建筑改造逐渐成为社会关注的焦点。然而，在这一过程中，不难发现，尽管改造的初衷是提升乡村居民的生活质量和乡村环境的整体美感，在实际操作中却并非一帆风顺，而是面临着一系列复杂而严峻的问题。这些问题不仅会影响改造的效果，还可能对乡村的可持续发展造成严重的负面影响。本章主要围绕乡村建筑改造的发展历程、乡村建设存在的基本问题、乡村建筑改造的基本问题展开研究。

第一节 乡村建筑改造的发展历程

中华人民共和国成立以前，乡村的发展主要依赖于以家庭为单位的个体化生产模式。与此同时，乡村也在持续地进行基础设施的建设，包括开凿渠道、修建道路，以及构建住宅、畜舍、作坊、仓库、商铺等多种建筑类型。这种自发、分散的建设方式逐渐塑造出乡村独特的基本格局。

随着中华人民共和国的成立，农村经济开始复苏，乡村建筑的建设与改造也逐步迈入新的发展阶段。在过去的 70 多年里，我国乡村的风貌经历了巨大的变革。具体而言，这种变化可以分为以下三个阶段。

一、乡村建筑改造探索阶段（1949—1978 年）

中华人民共和国成立初期，我国启动了土地改革，旨在恢复农业生产并重建乡村面貌。在这一阶段，全国大部分区域都积极投身于新农村的建设中，不仅结合了兴修水利和救灾活动，还借助爱国卫生运动对村庄环境进行了大力改善。具体措施包括清除污水塘、修筑排水沟以保持清洁，改良住宅、街院、水井和畜舍以提高居住条件，整修道路以方便出行，以及种植树木以美化环境。这些举措有效地改善了乡村的脏乱状况，显著提升了乡村居民的生活品质。同时，农业合作化的实施，进一步推动了乡村的综合整治与建设。

自 20 世纪 50 年代末期开始，全国各地规划设计部门的技术精英与大专院校建筑系的师生们积极投身到乡村建设中，精心编制了一系列具有鲜明时代特色的乡村建设改造规划。

二、乡村建筑改造规范化阶段（1979—2011 年）

随着中国进入改革开放的新时代，农村城镇化步伐加快，这一变革使得乡村建设的内涵产生了深刻的变化。过去长期以来的自发、自主的乡村建筑改造模式，逐渐转变为更具规范化、引导化、步骤化的发展趋势。

（一）农村建房热潮兴起

十一届三中全会后，农村经济持续繁荣，农民们的建房能力也随之显著增强。1981 年底，于北京举行的第二次全国农村房屋建设工作会议，成为乡村建设发展的重要里程碑。这次会议标志着我国的乡村建设工作进入了一个全新的发展阶段——从单纯注重农房建设，转向全面、系统地规划和建设各个乡村和集镇。随后，为了激发乡村住宅设计的创新活力，全国范围内发行了《优秀方案选编》，其中收录的精选设计竞赛作品为乡村建筑建设提供了宝贵的参考和灵感。

（二）乡村规划设计和管理的初步建立

1981年，中国建筑科学研究院农村建筑研究所开始了《村镇规划讲义》的编制工作，并以此为核心教材，在全国多个地区举办了相应的培训班。为了加强初级村镇规划建设领域的人才队伍培养，全国各省（自治区、直辖市）、地、县三级城乡建设部门采取了多种措施，包括委托代培、积极开设短期培训班等，以全面提升村镇规划建设人才的专业水平。同时，为了充分展示乡村建筑改造建设的成果，各级部门还举办了精彩的村镇建设成就展和学术交流活动，通过这些活动，人们深入了解并见证了乡村建筑的转变。

（三）以小城镇为突出重点的村镇建设发展

自2004年起，住房城乡建设部积极展开了一系列小城镇发展促进计划，包括"全国重点镇""改革试点小城镇""特色景观名镇""历史文化名镇"以及"绿色低碳重点小城镇"等。这些工作计划的实施促使小城镇发展策略由泛泛而谈转变为有针对性地发展，其中重点镇和特色镇成为发展重点，特别是那些承载着历史文化保护价值的村镇和全国范围内具有重要地位的村镇，得到了多方面的关注与扶持，助力它们实现可持续发展。

三、乡村建筑改造全面提升阶段（2012年至今）

在这个关键时期，乡村的建设与建筑改造迈入了一个新阶段。面对生态环境日益恶化、资源逐渐枯竭等多重严峻挑战，党中央提出了包括生态文明建设在内的"五位一体"社会主义建设总布局，这一战略将生态文明建设置于国家发展战略的核心位置，成为国家发展总体布局中不可或缺的一环，旨在推动乡村绿色、可持续发展，从而实现建设美丽中国的构想。党的十九大进一步提出了实施"乡村振兴战略"，这一战略不仅体现了国家对乡村发展的高度重视，也彰显了促进乡村全面发展的坚定决心。

在这一重要阶段，我国农村正经历着前所未有的变革。美丽乡村建设、观光旅游产业的崛起、特色村落的精心改造、传统村落的保护，以及农村集体土地流转等一系列举措，共同描绘出一幅丰富多彩的乡村建筑改造发展的画卷。曾经偏远的乡村也迎来了发展的新曙光，那些曾经经济滞后的村落也开始积极探索新型乡村建筑改造的道路，特别注重重点化、传统化、特色化的发展。乡村建设与建筑改造的各项工作不断面临着新要求、新挑战和新机遇，这不仅是对乡村建筑改造发展模式的全新探索，更是推动乡村振兴战略深入实施的重要动力。

第二节　乡村建设存在的基本问题

一、乡村风貌方面存在的问题

（一）乡土元素消逝

由于过度及盲目开发，乡土元素遭到严重破坏。在经济利益驱使之下，部分乡村大拆大建，盲目开发侵占甚至破坏乡村资源的现象随处可见。非但没有给乡村带来实实在在的好处，反而造成了巨大伤害。以乡村旅游为例，这主要是以旅游度假为宗旨，以村庄野外为空间，以人文无干扰、生态无破坏、游居和野趣为特色的村野旅游形式。有些地方政府并没有因地制宜地进行乡村旅游开发，而是一窝蜂地盲目跟风建设旅游项目，结果造成巨大浪费。事实上，并不是所有地方都适合发展乡村旅游，如果全国每个县都发展旅游，每个景点都一模一样，就很难具备足够的吸引力，同时也会导致乡土元素的消逝。

过去，新农村建设普遍存在"单一性、城市化、千村一面"等问题。由此可以观察到乡村盲目建设的缩影。许多地方不切实际地盲目引进各种各样的项目，且不说这些项目的经济效益如何，是否达到了建设目的，单单大量占用乡村自然资源、拆除或破坏乡土元素，就是巨大的错误。某些乡村为了所谓建设开发，农耕田地、树林、农作物、灌溉沟渠、田间小道、水利设施、野生坡地甚至河流、山丘等具有浓厚乡土味道的乡村元素被拆除、破坏、占用；为了所谓建设开发，民居、寺庙、祠堂、私塾学校、谷场、粮仓、牌坊、木桥、墓碑、碾棚、戏台、炉灶、庭院树木、门楼等极具人文与历史价值的乡土元素也被无情抛弃，成为新项目、新建设、新景观的牺牲品。这些乡土元素的消失，无疑让乡村丧失了乡土韵味。

（二）风貌杂乱

除了各种新建住宅"侵入"传统村落，普通村落的建筑也缺少地域特征。我国的乡村数以万计，但传统村落的数量却极少，而且大部分的传统村落实际上并不被普通群众所认可。如今,盛行拆祖屋,建"洋房",这不仅破坏了乡村的传统风貌,而且也让乡村不像乡村。一方面,采用传统工艺建造的房屋面临着因工匠缺失、工艺无以为继而逐渐破败的困境。另一方面,随着新材料、新技术的采用,村民在新建房屋时选择模仿城市建筑的式样。各种小洋房、"现代"别墅和一些不符合法式尺度的仿古建筑充斥着乡村,风貌杂乱。

乡村建筑风貌之杂乱,通过简单的统计调查就能清楚地被反映出来。以对江西旸霁村(列入"第五批中国传统村落名录")进行的调研结果为例,可以发现,尽管该村是传统风貌保存较好的村落,但村里民宅使用的建筑材料依旧杂乱,包括青砖、土坯、红砖等,还有瓷砖贴面或者水泥抹面等不协调的立面处理方式。

过往笔者在其他地方的调研也发现,这种风貌不协调的新房几乎在每个村里都存在,尤其是在新农村建设或者城镇化进程"较快"的村镇。这些村镇里的新建住房呈现出传统的砖木结构被砖混结构或者框架结构取代、清水砖墙或石灰粉刷墙面被各种瓷砖取代、传统的木质花窗被铝合金有色玻璃窗以及配套防盗网取代、传统木门被金属防盗门取代、传统工艺的木栏杆被欧式陶柱栏杆取代、体现材料本质的建造被浓烈的装饰味道取代……整体上风格杂乱,与一般意义上的地域乡土文化相背离。

(三)新村和新民居雷同

据调查发现,在某些村落中,房屋的开间数、层数、面宽以及空间形式基本一样,这种情况多出现于沿街新建的联排房屋中。虽然分散式布局的房屋可能变化多一些,但立面处理大同小异,多是装饰和颜色不同。因各地的地理、气候、历史、人文等都不相同,各地民居应该形成有别于其他村落的空间布局、空间形式、规模尺度、材料构造等,这是传统村落和民居最大的特点之一,但现实中的乡村大多呈现出"千村一面"的风貌。

(四)乡村生态与乡土建筑遭受破坏

乡村景观作为乡村的一部分在经济高速发展、乡村城镇化改造过程中必然会受到影响。营造新的乡村景观,不能只关注正面影响,负面影响也不容忽视,甚至已经成为必须严肃面对的紧迫问题。目前,乡村景观面临以下诸多困境。

1. 乡村自然生态景观系统的破坏

一些乡村因片面追求经济效益,乡村植被破坏、河流污染、水土流失等使自然生态遭到破坏。自然生态系统在没有人类之前是一个自我发展的系统。从哲学角度出发，人类的诞生形成了主体与客体两个既相互联系又相互对立的两个世界。人类要生存发展必须向大自然索取并适应自然界的变化，否则难以生存。

在人类的初始发展阶段，由于自身智力、生产力及科技发展水平相对有限，因而人类与自然界的关系相对和谐。人类通过狩猎、采摘野果等方式从自然界获取食物维持生存。随着自身智力水平、适应环境能力及生产力水平的提高，人类开始了改造自然的征途。人类通过建造自己的栖身之所、耕作农田等一方面改善生活条件，由此也建造了最原始的乡土景观，如民居、农田、沟渠等。

工业化、城镇化在向自然界发起挑战的同时，对于乡村也产生了深远影响。城镇化与工业化使城市面积越来越大、工厂企业越来越多，对土地的需求必然也越来越大。同时，乡村的城镇化也使乡村逐渐转变为城镇，这一过程也伴随着对土地资源的需求，城镇与乡村的这些需求最终导致乡村自然生态及自然生态景观遭到破坏。伴随着城镇化与工业化的扩张，乡村的大片田地被侵占，林木草地等植被被破坏。为了掠夺资源，山丘、地表、农田被不断蚕食，河流被切断或截留，乡村自然景观被无情破坏甚至消失。

2. 乡村规划方式缺陷

乡村景观的发展在历史上是一个自发、自然演变的过程，在乡村诞生之初并没有精心规划，人们只是根据自然环境是否有谋生的条件（例如田地、水等基本条件）、是否有基本的安全保障（例如没有洪水等自然灾害）确立村庄的地点与方位，所谓的规划只是简单的谋划。

随着村庄的扩大与历史发展，乡村景观也一点一点成为乡村的一部分，这些景观充满了历史感与浓浓的人文情怀。然而在经济高速发展的现代社会，由于没有足够财力支撑、没有专业人士参与、没有长远眼光、没有时间保障等，设计规划在乡村建设中脱离实际、缺乏美感、面貌单一、缺乏人文情怀，并逐渐成为乡村建设中一个普遍存在的现象。

真正的规划设计是独创的、源于自然的，绝不会生搬硬套地抄袭照搬。景观从来不是目的，而是实现美好生活的一种营造手法，希望人们回到自然的怀抱里，回到这样一个能够接触真实自然的空间。例如，郑州新密桃源溪谷景观示范区，设计灵感来源于陶渊明的《桃花源记》。没有生硬的仪式感，没有几进几院的山庄，只是用当地山野的材料，辅以攀缘藤本、草花、芒草类植物，装修师傅靠肉眼衡量毛石形状筛切砌筑，直至成型。整个溪谷就呈现出了不同于别家的特色景观，没有新中式或欧式的花哨，更多的是源于自然的设计。桃源溪谷所在地，其实是太行山的余脉，有着高高低低的地形起伏，最高地形差达到200多米，这样剧烈的地形变化，并没有成为设计的绊脚石，反而成了溪谷的特点之一。设计师利用这样高低不平的地形差异，几乎保留了原有的地貌，打造出了特色景观区。然而这种成功的案例在现实之中所占比例不高，虽然有许多客观原因，但必须要提高景观设计的创新性与独特性。

3. 乡土建筑消亡

盲目模仿城市建筑形式，承载历史追忆的乡土建筑逐步消失。建筑本身本不是生来就有的客观存在，与其他事物一样也有一个从产生到发展再到消亡的历史过程。建筑物存在的时间长短取决于很多因素，如建筑质量、生态环境、社会变革、主人意志等。乡土建筑是乡土文化景观的重要元素，它们的存在使乡村保留浓浓的乡土与历史气息。

大多数乡土建筑由于客观因素制约，其质量、外观等都难以称得上精品，在时间、风雨的冲刷之下都难以摆脱消亡的命运。但还是有一些建筑能够存活下来，成为乡土人文景观的重要组成部分。它们的存在便代表着乡村的乡土文化与历史意义。然而在经济大潮的乡村建设中，为了整片开发、集约开发，许多仍然具有存在价值、承载历史追忆的乡土建筑被无情摧毁，取而代之的是现代化的新建筑。钢筋混凝土代替了富有泥土气味的砖瓦，高耸的楼房取代了富有生活气息的四合院，柏油马路取代了富有诗意的羊肠小径，乡村逐渐失去了原有的味道。

二、新乡土营造方面存在的问题

（一）乡村住宅的建设方式存在问题

当代乡村部分新建房屋"缺少美感"的背后是乡村建筑的建设方式的问题。村民进行提升居住品质的乡村建造，是因住屋破旧、年久失修需进行房屋更新，或因房屋难以适应村民生产和生活模式的改变，或因乡民自身需要，也有因城乡变革、社会统筹等进行房屋重建和新建的需求等。调研发现，房屋更新的方式主要包括统建统改、统规自建、自建自改，其中统建统改方式又分为合作建房模式、产业化建房模式等。

统建统改一般是政府对危房实行的策略，所以对危房来讲，建造体系是影响其风貌的主要因素。自建自改一般是在户主经济能力许可的情况下针对无法满足新时期需求的旧房进行更新，所以对旧房来说，其风貌更多受到户主自我审美以及邻里、工匠之间的影响。因此，如果乡村套用城市的规划和建设模式，大肆兴建"兵营式"新农村住宅，设立乡镇工业园区，则是"城市病下乡"。

（二）传统建造体系受到冲击

材料和建构是建筑的基本问题，也是建筑表现的重要手段之一。建筑形式是建造的结果，而不是建造的目的。形式是在确定材料、结构及建造方法等过程中确定的，而它本身并不构成一个独立的问题[①]。同理，乡村建筑问题应透过表象深入"建造"的层面。现阶段，关键所在是传统建造模式和建筑体系的转变中存在的断层和矛盾：城市建筑产业的建造思维给传统乡村带来了很大冲击，这种建造思维又在没有厘清传统乡村和城市的建筑及建造的差别的情况下被大规模地滥用，导致传统工艺在社会机制和规模产业的挤压下逐渐失传，传统建造体系基本崩塌。

（三）对乡村建筑适宜技术的探索有待进一步深化

乡村可持续发展不仅与乡村的基础建设和生态文明密切相关，社会生态、产业发展也是其重要方面。从乡村发展现状而言，我国部分乡村依靠历史文化、自然资源和特色产业，发展良好或具备较好的发展潜力，但还存在很多衰败的乡村、偏远乡村和饱受自然灾害的乡村。这些乡村是一种客观存在，是乡村发展必须面对的难点问题，相对于资源型乡村面对着更为苛刻的条件，不仅需要营建基本的生产和生活空间，也存在地域文化存续和发展的问题。在此背景下，探寻适应不同发展阶段的乡村建筑适宜技术十分迫切。而在现阶段，尽管建造技术、工程管理已经有了长足的发展和进步，如 BIM（建筑信息模型）、智慧工地、数字建造等技术，然而大多数农村仍没有享受到技术带来的红利，也没能感受到信息技术给乡村建筑带来的好处。虽然有些技术有其适用性的问题，但仍旧缺乏研究探索适应性的新技术，以及使新技术应用得更为广泛的环境。

三、美丽乡村建设方面存在的问题

自浙江省安吉县率先开始美丽乡村建设以来，美丽乡村建设在国内取得了许多成绩，涌现出了许多美丽乡村典型，同时也带动了广大农村的发展。然而，任何事物的发展都不可能一帆风顺，由于中国美丽乡村的建设没有现成的范例与统一的标准，同时各地客观条件与人们的认知水平不同，在美丽乡村建设的背后也暴露出许多问题。下面是概括总结的美丽乡村建设中存在的主要问题。

---

① 徐千里. 观念与视野 [J]. 城市建筑，2007（12）：7-9.

（一）缺乏完善的配套设施

配套设施是指在一事物中与之相配备的机构、组织、建筑等，主要是指城乡道路、市场、供水、排水、邮政、卫生、环保、供电、供热、燃气、通信、电视系统、绿化等设施，是一个地区功能的主要体现。在建设开发中许多乡村自身财力有限，所在地方政府投入用于基础设施配套建设的资金较少，导致乡村基础配套设施不完善，阻碍了乡村的发展。如果一个乡村的地理位置相对偏远，要建设较为完善的配套设施就必须在交通道路、供水供热、通信等方面进行大量投资。然而由于一个村庄的财力相当有限，只靠自身难以完成，如果所在地区的财力也不宽裕，乡村配套设施的完善就变得遥遥无期。现实中改善乡村配套设施需要多方面的通力合作才能实现。现在许多村民搞农家乐旅游，但是如果没有先进的管理和运营机制，比如接受线上预订、具有良好的公共卫生条件、完善的公共硬件设施等，或者乡间道路狭窄、凹凸不平等，都是很难发展下去的。

（二）群众积极性不高、参与度较小

在一些地方虽然政府充分发挥主导作用，投入了大量财力、物力和人力，然而农民参与乡村建设的主体意识和归属感不强，单靠政府唱"独角戏"是无法完成既定目标的。村民整体素质有待进一步提高，生活陋习有待革除，"等、靠、要"的依赖思想严重，这些都影响农耕文化、乡风民俗和乡土特色的留存与传播。在乡村环境整治改建中，部分群众为了一己私利，以种种理由拖延或阻挠涉及自家建筑拆除、改造、房前屋后环境整治的工作，影响了工作进度并带来不良影响。部分群众毫无积极性，事不关己的态度影响整个工程的进展。另外，由于国家规定基本农田不得随意占用以及城乡建设用地增减挂钩等政策的影响，用地指标紧缺已成常态化。土地资源的制约为美丽乡村建设进行精细化管理提出了更高要求。在土地矛盾难以解决的背景下，美丽乡村建设配套设施建设方面出现了许多违法用地现象。

（三）利益矛盾与冲突复杂尖锐

美丽乡村建设涉及许多利益相关者，如村民、村委会、乡镇政府、参与开发企业等。美丽乡村建设的可持续发展目标是否能够实现，从某种角度而言，取决于利益相关者的利益是否能够协调妥当，利益各方是否能够相互协作。在乡村建设过程合作、道路畅通、无乱堆乱放、公厕卫生等需要村民配合，村庄绿化、污水处理、垃圾分类等也需要村民直接参与，村民在乡村建设中无疑是处于利益相关的核心阶层。因此，如果在乡村建设中村民的利益被侵害、被不公分配，便会激化村民之间、村民与政府之间、村民与参与企业之间的矛盾，这些矛盾对于美丽乡村建设无论是外在还是内在都有较大的伤害。

（四）工作机制亟待优化

美丽乡村建设及景观营造是一项复杂而庞大的系统工程，其成功实施绝非一人之力或单一部门所能达成。鉴于所涉及部门、人员及事务的广泛性和复杂性，构建一个高效且协同的工作机制显得尤为关键。然而，在实际操作中，由于未能精准定位实施主体，以及未能明确界定各相关部门的具体工作职责，往往会导致部门间协调不足、缺乏积极主动性等问题。此外，资金短缺也会成为制约各项工作顺利推进的重要因素。例如，没有资金，人力资源难以保障。在这些因素影响下工作开展相对被动，落实难度相对较大。同时也必须认识到，由于乡村甚至乡镇财力与人力资源的制约，对于一些新建设项目，难以在短时间内建立起完善的工作机制。

（五）宣传不够到位

宣传的基本功能是劝服，宣传本身具有激励、鼓舞、劝服、引导、批判等多种功能。乡村经济、乡村振兴以及美丽乡村建设在很大程度上依赖于错位发展的产品定位以及多样化、立体化的宣传营销。没有宣传营销，即使乡村建设得非常美丽，景观别致宜人，若是知道的人太少，便无法带动经济发展。因此，大力宣传对于乡村的建设十分必要。

（六）专业人才匮乏

美丽乡村建设是一项系统工程，没有专业人才参与难以取得进展。在建设实践中，当地村民主要从事建筑、园艺、道路绿化、环卫、商业服务、运输服务等低技能工作。而活动策划、乡村管理、人力资源开发和管理、美丽乡村建设营销等初中级层次的管理人才短缺。从业人员流动性大，存在用人难、招人难现象。而能从事规划设计的专业人才更加匮乏。乡村不可能自己培养高级的专业人才只能靠引进。然而由于交通、生活条件、子女教育、工资待遇、人际关系、职业发展潜力等诸多原因，高水平的专业人才难以引进，即使能引进也难以扎下根来。因此，美丽乡村建设中的专业人才只能以高薪的短期聘用为主。短期聘用人员在管理、长远规划方面都存在许多问题。人才的短缺直接影响美丽乡村建设的良性发展，使其难以发挥美丽乡村的特殊优势，成为美丽乡村建设发展的瓶颈。

第三节 乡村建筑改造的基本问题

一、建筑技术比较原始且结构不牢固

历史越悠久的建筑，使用的材料越原始、越简单。尤其是乡村建筑并没有城市建筑更新得那么快，很多建筑使用了几十年甚至是上百年，建筑材料大部分是木材或者是石材、砖瓦等。

木结构的建筑拥有自身独特的美感，但是，当木结构的建筑面临火灾时，就会失去抵抗力。而且，使用年限比较久的建筑，对于防水、防潮的设计都比较少，在潮湿多雨的季节，对建筑的损害会比较大。而乡村是容易发生自然灾害的地方，老旧的建筑对于这种自然灾害的防御能力也越来越弱。

二、建筑没有规划性，缺乏对空间的有效使用

不同于城市建筑对于空间的利用，乡村建筑大部分要求的就是大，只要在允许的范围内修建自己的房子，那么对于房子的要求就是要大，对于其他的空间格局或者是功能分区要求不高。

乡村每家每户的宅基地面积较大，所以对于建筑的要求就是越大越好。一是方便农具放在室内，二是有些村民家中的生产工作也要在房子内完成，所以较大的使用空间可以更好地满足村民的生产生活习惯，而不会过多地考虑空间格局问题。

三、建筑使用率低，出现了很多空置建筑

随着城市化进程的发展，越来越多的年轻人投身于城市建设中，很多乡村建筑中只有老年人和留守儿童在生活，因此很多当地民居和建筑就自然而然地变成了空置建筑。很多建筑因为年久失修，便形成了破败的景象。

还有一种空置建筑，是因为当地居民盲目扩大自己的住宅造成的。在乡村，先富起来的家庭会将资金投入到房子的建设上渐渐形成了风气与传统，这种观念也造成了大量空置建筑的出现。

四、盲目追求翻新，忽视了建筑自身的历史价值

如今，乡村生活已经越来越好，很多村子开始积极修复一些历史文物和历

史建筑。但是由于对历史文物的了解不够充分,再加上出于节省成本的考虑,因此并没有按照有关部门的要求,也没有聘请专业的修复机构,而是按照自己的理解盲目修复和翻新建筑。再有,当地居民居住的建筑只追求新,只要是旧建筑都完全拆除,变成新的建筑,没有考虑到建筑的文化价值,导致很多具有历史价值的建筑被拆除,很多代表当地特色的建筑材料被遗弃,使乡村失去了原来的面貌。

五、建造行为经历转型与迭代,面临多元问题

有道是"民以食为天,以居为地"。置地、建房自古以来就是家庭一项大宗固定资产"投资",也被认为是造福子孙的家庭大事,事关日后能否生活和顺、天伦美满。因而从住房的设计(选购)到建造,融入了大量天地、人伦、传统等方面的认识和相关的习俗、礼仪。可以说,乡村建筑建设和改造行为在乡村振兴战略实施过程中具有重要意义,其间难免会遇到多方面的问题。

(一)传统结构的弃用

乡村风貌的核心问题,从更深层次来看,源于其建造体系,这主要体现在结构体系和材料运用上。在乡村传统建筑中,结构是关键,特指传统木构建筑的核心部分——梁架结构。这种结构由柱、梁、檩及穿枋等横向连接构件组成,构成了所谓的"大木作"的主体。在建筑形制上,它常表现为小式建筑,即民宅、店肆等民间建筑,以及重要组群中的辅助用房的低规格建筑。传统民居在结构形式上以小式梁架结构为主,同时也不乏楼式结构。在材料运用上,砖木混合结构是主流,其中又可分为抬梁式和穿斗式两大主要类型。此外,还有抬梁和穿斗相结合的结构形式,以及穿梁式(又称插梁式)、井干式、楼式梁架等多种结构形式。随着技术的发展,以及生活方式和建造方式的变化,除了保存较好的历史文化名村、传统村落或一些特色小镇等沿用这些传统的结构形式,大多数的乡村建筑很少采用这些传统的结构形式。

(二)材料和工具的改变

传统的砖、石、土、木等材料是"近人"的,普通劳动力单独或通过简单协作都可以拿得起、搬得动、易操作,依靠人力操作便可完成。随着新材料的不断出现,尤其是混凝土、钢材、高分子材料(塑料、阳光板等)在乡村的大量使用,不仅建筑的结构改变了,建筑的形象也改变了。相伴而生的就是工具的变化,这

些新材料的加工制作和建造都需要新的工具和器械，因为这些材料在强度、重量、尺寸等方面不同于上述传统材料，它们大多需要人力操作机械装备进行加工。工具设备不仅较传统的木工、石匠等工种的工具大许多，而且要贵很多，但在很多方面效率也要高很多。这也决定了普通的木匠师不一定能购置齐全这样的设备。

建筑活动是一个复杂的工程，而在乡村，易建性是关键性的考量指标。因此，为了避免采用操作难度较大的技术，乡村的工匠师傅会使用一些简单的施工技术，所以工具也会相对简易、价廉，甚至因陋就简临时改造或制作。从某种程度上讲，现在的乡村建造既失去了传统工匠的手艺，又不能保证建造品质。现在乡村日常建筑大多具有简易化设计的特点，在没有足够资金和品质追求的情况下，从材料、工具到建筑形式和性能都极易变得简易甚至粗陋。

（三）匠作体系的崩溃

新乡村住宅的居者与工匠分离，工匠不再是专业的设计师和建造者的合体。过去传统乡土建造技艺因为稳定的需求和匠作体系得以传承，并趋于成熟完善。在现阶段，因为"接活"的方式发生变化，以及现代材料、施工机械的大量运用，传统匠师人数越来越少，技术水平越来越低，传统建造工艺也离人们越来越远。现在的民居不再是"本土的，没有建筑师设计的建筑"，这在很大程度上使得匠师失技失能，设计师也开始"分化"——分成各种专业技术人员，进而理论研究与设计实践开始分化。使得传统的匠作体系逐渐崩溃。这种崩溃一方面凸显了传承匠作技艺的重要价值和紧迫性，另一方面也反映了探索乡村适宜性建造模式和技艺的重要性。

笔者调研众多古村后可以发现，即便保存有大量的历史建筑，但时至今日，基于传统建造技术的建造活动大多也不复存在，取而代之的是技术水准要求更低的一些现代施工工艺。农民们通过简单的培训就成为建造人员，但是这种建造的质量得不到保证，村中的新房存在着许多缺陷，如同工业化很低的"半成品"，同时又割断了传统文化的传承。精细化的高技术施工方式难以使用，传统工艺又丢失殆尽，这使得一些乡村建筑处于一种尴尬的局面。

"半工业化的农民工建造体系"一定程度上是城市里常用建造技术的"简化版"和"低技版"。对于村民来说，"半工业化的农民工建造体系"最大的优势是比传统匠作体系的建造成本更低。工业化量产的方式使得很多建材成本降低，工艺门槛的降低使得技能更容易普及，工艺简单也使得工期变短。传统匠作体系生存的土壤在日渐消退，传统建筑便逐渐没落，这是世界性的问题。"在地建造"

在历史上曾整体存在过，尤其在传统的乡土世界里。然而这种整体的在地实践在以分工为特征的文明进程中逐渐被消解，原本由工匠主导的一体化建造行为逐步从主流地位退至边缘。在这一进程中，专业的分野促进了这种消解。工程技术和物质材料的远程流通越来越广阔，也都不再局限于本地乡镇，而各相关专业和分工逐渐分离。这也是导致乡村建筑风貌有趋同化、城市化倾向的重要原因。

第三章　乡村振兴目标下乡村建筑改造设计概述

在乡村振兴的伟大征程中，乡村建筑改造设计占据重要地位。乡村建筑不仅是乡村历史文化的传承载体，更是乡村经济社会发展的重要基石。随着乡村振兴战略的实施，如何对乡村建筑进行科学合理的改造设计，以更好地适应新时代的发展需求，成为一个值得深入探讨的课题。本章围绕乡村振兴目标下乡村建筑改造设计的原则、乡村振兴目标下乡村建筑改造设计的形式、乡村振兴目标下乡村建筑改造设计的方法、乡村振兴目标下乡村建筑改造设计的意义等内容展开研究。

第一节 乡村振兴目标下乡村建筑改造设计的原则

一、整体性原则

事物内在的紧密联系或事物之间的连续,称为整体性。整体与要素之间是辩证统一的联系。建筑创作中的整体性,原是古典建筑美学原则中的一条。古典艺术在审美上强调对审美客体的全面把握,特别聚焦于建筑物自身的造型美感,细致分析建筑整体与各部分之间的比例关系。其审美逻辑始终遵循着一种静态的视觉原理,即先从整体出发,再细致观察局部,最后又回归整体,这一过程严格遵循着"物到物"的审视路径。当在旧建筑改造更新中运用差异并置的手法时,需要特别注意差异性元素的融入要恰到好处。这些差异性的元素应当与建筑原有风格和谐共存,不应因过多的局部变化或附加的符号形式而破坏建筑的整体性,使其失去原有的主体完整性,确保改造后的建筑既能展现新的活力,又能保留其原有的历史韵味和审美价值。建筑作为一个系统,自然具有内在的一套规律和结构。

差异并置的整体设计核心在于精心平衡与协调各个要素之间的结构关系,特别是新旧元素间的和谐共生。在此过程中,建筑的现代性元素应被巧妙地融入,而非彻底掩盖其传统性,从而确保建筑不会因失去原真性和场所感而显得怪异或突兀。同样地,也应避免建筑完全复古,以免陷入形式主义的泥潭,成为徒有其表的"假古董"。所以,设计师在设计过程中,需要综合考虑各种因素,确保改造后的建筑在内在各部分之间达到高度的统一与和谐,实现传统与现代的完美融合。

二、适应性原则

建筑的适应性在于其能够通过外在的表现形式,真实、准确地反映出建筑的内容。在旧建筑改造的实践中,这种适应性体现在差异并置手法的运用及其所呈现的形式特征上,它们必须与建筑的内容保持高度的契合。自建筑诞生之初,就被赋予了物质和精神双重层面的意义,不仅是人们居住、栖息的场所,同时也是精神活动的载体。建筑的形式也需要将物质性与精神性内外贯通,相互关联,彼此适应。因此,在建筑的形象创作过程中,整体意识的决定性作用是不容忽视的,它对于塑造建筑的整体风貌和传达设计理念至关重要。

在建筑设计中，整体性和内外一致性通过形式的合理性得以体现。所以，在旧建筑改造设计中运用差异并置手法时，建筑师需要全面考虑建筑的物质与精神标准，以及内在与外在特征的和谐统一。要细致地处理和完善各种关系，综合地整合包括环境、功能和细节在内的各种要素，进行整体性的创作。这样的设计过程能够使建筑在内外各个方面达到统一，从而有力地表达建筑的适应性，使改造后的建筑既保留了原有的历史韵味，又焕发出现代的光彩。

三、有机性原则

有机的重点在于分析建筑与自然的关联性。在建筑领域，有机形式所蕴含的意义超越了单纯的物质构建，它追求的是建筑物与其周遭环境达到的一种浑然天成的和谐状态。建筑也如同生物体一般，经历着诞生、成长至最终融入自然循环的历程。其形态之美，深刻根植于内部结构的逻辑与秩序之中，成为建筑生命力的直观展现。在旧建筑改造设计中，有机建筑理念的精髓在于：建筑形式设计应尊重并顺应自然界的法则，深入探索并理解自然形态背后的逻辑与韵律，同时精准把握建筑所处的特定生态环境。这一设计理念倡导的是，建筑不应是孤立的存在，而是应主动融入并优化其所在的生态系统，与自然环境建立起一种动态平衡、相互滋养的关系。

四、统一性原则

多样统一是建筑形式美的规律之一。多样统一是建筑设计中一种辩证的视角，即在保持整体统一性的同时，也追求局部的多样变化。换句话说，它强调在统一中寻求变化，变化中不失统一。特别是面对旧建筑时，由于它们通常承载着丰富的历史和文化价值，其建造年代久远，所用材料和建筑形式都带有明显的时代烙印。设计师在进行更新设计时，要在保持原有建筑特色的基础上，巧妙地去除一些过时或不再适用的旧元素和结构，同时巧妙地镶嵌和插入新的元素和表现形式，以实现旧建筑与现代元素的和谐统一。这些部分既有区别又有着内在的联系。

建筑师在建筑改造设计中，就是利用其形式创作手段，合理地发现建筑的一些形式上的要素来组成各部分的差异与联系，按照一定的规律将那些具有差异性的组成部分整合在统一的模式下。

五、原真性原则

原真性蕴含了真实性和原始性两重含义。其中，真实性指的是表达对象所具备的确定性和可靠性，它是基于事实、无虚假之处的特质。而原始性则强调特有的原创性，这种原创性不仅包含事物最初、最本原的状态，即原生性，还包含其独特性和不可复制性。真实性和原始性在原真性这一概念中相互依存、相辅相成，共同构成了事物独特且真实的本质。

（一）物质性与原真性

对于历史建筑，无论是进行改造还是修复，并非追求完美无缺地保存其状态，而是致力于保持其真实性，并完整传递其原真性的所有信息。在改造旧建筑的过程中，应以"原真性"为明确的行动原则，尤其需要保留那些展现"破坏性原真性"的元素，因为它们真实地记录了建筑与历史的互动过程，反映了不同历史时期的历史风貌，承载着各个年代的独特记忆。同时，也不能忽视在历史进程中积累下来的"建设性原真性"，包括历史上的修补、加固、扩建等痕迹，它们同样是建筑物质原真性的重要组成部分，是解读历史沉积层的重要依据。因此，在改造中，应尽量避免破坏这些珍贵的原真性元素。

（二）精神性与原真性

原真性不仅体现在旧建筑本身的物质形态上，更涵盖了其在社会发展中与人类情感相互交织所形成的精神作用印记。这种精神性的原真性，可以概括为对文化和地域的深刻认同。在旧建筑的改造与保护中，建筑师应当珍视并保留这些精神性的文脉线索，通过梳理和强化它们，使建筑空间中的叙事性更为引人入胜，增强人们的情感共鸣，还能够反映出更加多元和丰富的历史信息。

六、统筹兼顾原则

（一）局部与整体的兼顾

在旧建筑的改造工作中，妥善处理局部与整体、个体与群体之间的关系是一项至关重要的原则。改造过程中，建筑师需要细心思考如何协调建筑功能的局部与整体关系，以确保功能上的合理性和连贯性。这种功能上的合理性，不仅体现在建筑单体内部各个房间与整体功能的协调上，更要考虑建筑单体与周边建筑群体，乃至整个区域的功能布局契合度，以实现整体的和谐与统一。

在进行旧建筑的功能置换和重组时，必须摒弃仅关注局部功能完整性的思维模式，而是应当将旧建筑视为整个系统的一部分来综合考虑。对于功能上的重复和浪费，应当进行合并与规整，以提升资源利用效率。通过这样的方式，不仅能实现个体建筑功能的更新，还能进一步优化区域的整体构架，确保局部与整体在功能上的和谐统一。

在改造和设计中，处理好局部与整体的关系至关重要，这不仅仅局限于功能关系的调整，更体现在空间组合与建筑风格的协调上。建筑本身的魅力，并非仅源自某一独立的个体，而是源于它们之间通过巧妙地配置所营造出的环境氛围。个体建筑之间通过形式、体型、材质和色彩等方面的相互协调、呼应、变化与对比，可以共同营造出和谐统一的总体效果，使得整个区域焕发出独特的魅力。

另外，各个时代兴建的建筑都有其时代特色。在建筑改造的过程中，要传承文脉，与整体环境保持和谐一致，设计师应当从整体环境出发，紧密结合群体空间构成和传统建筑形式风格的因素，确保在把握整体风格的基础上，展现每座建筑独特的个性和特点。这样做既能够体现历史的传承，又能展现出建筑的时代魅力。

建筑的改造与更新的终极目标在于实现整体的系统化与高效化。所以，在改造过程中，不应仅追求单体建筑的效果而牺牲整体利益。相反，应当精准把握个体与群体、局部与整体之间的微妙关系，从整体构架、功能关系、空间组织以及文脉传承等多个维度进行统筹兼顾，确保改造工作能够真正提升整体建筑的效能与品质。

（二）历史性与现代性兼顾

城市的发展承载着深厚的历史脉络，建筑与环境则是这一历史发展和变迁最直观的物质载体。尊重历史不仅是对过往的敬畏，更能体现出一个城市或地区深厚文化底蕴。

在建筑的改造与更新过程中，设计师应当秉持对历史文脉和传统风格的尊重与保护，这主要体现在对传统场所精神的珍视与传承上。场所精神不仅蕴含于历史古迹、历史建筑、代表性建筑和重要活动场所等具体的物质形态中，还深深植根于社会生活之中，如独具特色的文化活动、传统节庆、历史地名、街名以及建筑名称等。在改造过程中要高度重视历史文脉的保存与延续，它既是城市长期积累的宝贵财富，也是建筑与环境艺术创作不可或缺的灵感源泉。

改造实际上是一个充满活力的新陈代谢的过程，它并非消极地维持原貌，而是致力于在整体中注入生机与活力，体现时代的特征。改造应传达一种动态的、延续的精神，以及再生与共生的思想。对于"改造"，若采取毫不妥协的传统保存方式，虽能完整地保存历史性建筑，但这种墨守成规的方式往往会使其失去适应时代变化的灵活性，从而影响其长久的生命力。

改造与更新的方式可以在确保经济利益不受损害的前提下，巧妙地运用各种设计手法。这既能在一定程度上呼应和保留历史性建筑的原始风貌，又能巧妙地融入现代的空间布局与材料元素，从而在原有历史性建筑物中呈现出新与旧之间的和谐对话。尤其是在改造拥有丰富历史传统或较高历史价值的旧建筑时，妥善处理新与旧的关系显得十分重要，这是决定改造项目成功与否的重要因素。

在进行改造与更新项目时，首要任务是深入了解改造对象的空间特色、建筑风格，以及其所处区域的空间结构特点和整体环境特征。在改造过程中，必须特别关注其特定的结构依附关系，这些关系不仅体现在建筑的外形上，更承载了社会、文化、技术和美学等方面的时代变迁信息。同时，还应关注空间的生长发展过程及其内在次序，以确保改造工作既能够保持建筑的原始魅力，又能融入现代元素，实现历史与现代的和谐共存。

（三）分阶段有序原则

改造工作通常涵盖勘察评估、研究设计、拆除或结构加固施工等多个关键环节。在建筑施工启动之前，对于整个工程的事先安排和计划必须周密而有序。这一规划不仅关系到人力、物力以及时间的合理分配，更直接影响着工期、成本以及改造后的品质等关键要素。因此，一个详尽且合理的工程计划是确保改造工作顺利进行、达到预期效果的重要前提。

第二节　乡村振兴目标下乡村建筑改造设计的形式

相比于农业的机械化发展和农民收入增加这种隐性的乡村振兴发展成果，乡村建筑的存在更能直观地展示乡村振兴的成果，而且也有助于改变乡村村容，进一步带动乡村的经济发展。

乡村建筑有很多自己的特色和特殊的历史背景，因此也造就了乡村建筑的多样性。乡村建筑一般都具有很长久的历史，属于文物的部分要积极进行修缮和保护；属于普通乡村建筑的，可以进行改造，以适应如今乡村振兴的大趋势。

当然，乡村建筑改造也要符合当地居民的需求，不同性质的乡村建筑改造，可以给居民生活提供不同的生活体验，一方面可以改善乡村的经济状况，另一方面也可以丰富居民的精神生活。

建筑改造的含义，顾名思义，就是在原有建筑的基础上进行新的创作，使得原建筑和改造后的建筑能融为一体，成为统一的建筑体。乡村建筑改造不同于新建筑的建设，因为原有的建筑已经具有一定的故事性，而设计师要在保留这些故事的前提下，去进行新故事的创造，既不能掩盖原有建筑的特性，又不能喧宾夺主地破坏原有建筑和周边环境的和谐。这对于设计师和施工者来说是一个巨大的挑战。不可否认的是，这种改造很考验设计师，一旦设计师没有完全解读好原有乡村建筑，那么改造可能会变成破坏。

根据改造后使用功能的不同，乡村建筑改造大致分为商业用途建筑、公共用途建筑、改善居民环境和生活的建筑、艺术创作建筑等[1]。

一、商业用途建筑

在乡村建筑改造项目中，原有建筑都是民宅、小型商业用途建筑或者是被废弃的公共用途的建筑。无论是哪一种用途，需要改造的建筑都是因为原有用途已经不能符合现在的生活需要，因此需要新的介入来改变原有的建筑状态。

商业用途的乡村建筑改造之后用于商业是最主要也是最常见的。例如，改造后被用作民宿、餐厅和茶室等。用于商业用途的改造要考虑很多成本因素，还有空间使用的规划等方面。因此在改造开始之前，设计师对原有建筑的地域考察就变得尤为重要。不同于城市建筑，乡村建筑与环境的关系更加紧密，无论是自然环境还是人文环境，乡村建筑都带有浓厚的当地特色。很多乡村建筑就地取材，甚至有的建筑材料只有在当地才能获得。使用特有材质，乡村建筑就带有自己的独特性。用于商业用途的建筑，最终肯定要考虑经济价值，所以原有乡村建筑的考察需要设计师能够实地考察当地的特殊建筑材料和建筑手法，这样才能更加准确地提出合适的改造方案。

在商业用途的改造项目中，会根据具体用途规划出几个核心功能区。例如，若将建筑转型为民宿，其核心是为客人提供舒适的居住环境与丰富的当地特色饮食和活动体验。因此，在改造过程中会优先且精心规划居住区域及特色体验区的设计，同时削减或优化非必要的空间，以确保这些核心功能得到最大化发挥。相反，若改造目标为餐厅，那么厨房的布局与出餐效率，以及顾客用餐的会客区将

---

[1] 黄炜.高职思政教育对乡村振兴建筑发展探究[J].建筑结构，2022，52（24）：162-163.

成为设计的重中之重。尽管不同商业用途的建筑在功能布局上各有侧重,但它们共同遵循一个核心原则,即在满足特定商业需求的同时,保留并彰显建筑原有的独特魅力或特色。这意味着在改造过程中要融入原有的建筑元素,通过创新设计手法,使古老与现代、传统与新潮在建筑中和谐共生,以全新的面貌迎接每一位访客,让他们在享受商业服务的同时,也能感受到建筑背后的故事与文化底蕴。例如,将原有的外部石头台阶引入改造后的建筑内部,让客人能再次见到原有建筑的部分,这样能增加功能区的故事性和历史性。这种独特的对话方式需要设计师不仅着眼于整个建筑,还要能适当地运用原有建筑的故事。

乡村建筑改造后用于商业用途,这对原有建筑的要求不高,只要建筑主人有需求,找到设计师,提出想要的方案,就都可以实现。所以,这是乡村建筑改造中最常见的形式,是单纯的甲方和乙方的关系。甲方有需求,乙方有能力,就可以顺利地进行改造。

二、公共用途建筑

除了用于商业用途之外,乡村建筑改造后也可用于公益性用途,基本包括办公建筑、公共设施建筑、研学营地和纪念馆等。所谓公共用途,就是没有或很少的经济收益,但是能为当地居民以及外来游客展示当地文化的场所。

在公共用途的建筑设计中,功能的综合性至关重要,因为需要满足不同人群多样化的需求。因此,设计师在进行改造时,必须深思熟虑,全面考虑各种人群的需求和期望。在空间布局上,应追求功能分区的多样性和综合性,确保每个人都能轻松找到满足自己需求的功能区域。与商业用途的建筑相比,公益性用途的建筑更多地依赖于访客自主完成一系列活动,而不是依赖大量的服务人员。此时,建筑的特色设计虽然仍具有价值,但便利性和实用性应成为首要原则,以确保能够轻松、高效地满足访客的需求。

对于改造后作为公共用途的乡村建筑,其选址要求极为严格。理想的地理位置应该是历史上具有高人气的场所,或者是位于交通要道的近旁,这样的位置能确保改造后的乡村建筑吸引更多的使用者,提高使用频率。若建筑位于偏远之地,即便拥有再惊艳的改造方案,其后续的利用也会受到极大限制,因为建筑的价值和生命力终究是由人们的需求和活动来定义的。如果前往公共设施的路程过于遥远,会给使用者带来诸多不便,长此以往,这样的建筑可能逐渐被当地居民所忽视,失去其原有的公共价值和意义。

三、改善居民环境和生活的建筑

乡村建筑改造中有一类建筑，它们的出现，提高了居民的生活质量。这类建筑在城市中很常见，也很受欢迎，同样，在乡村中它们也被慢慢地接受和欢迎。

这类建筑包括图书馆、展览馆等。很多乡民不理解它们的存在，觉得以前没有这些建筑也能生活，但是这些建筑的存在能提高生活的品质，尤其是对后代的影响更是深远。这些建筑关乎人们的精神文明建设，可以提高居民的文化素养，因此对设计师又有新的要求。

这类建筑都不约而同地跟文化和文明有关系，因此在改造中，要尽量考虑展现更多的人文关怀，而改造后的建筑大部分也有一定的文化底蕴。改善居民生活的前提就是居民要参与其中，这类建筑大部分是公益性质的，能为周边居民提供一个聚集的场所。这类建筑要能保留乡村的特色，因为一个完全现代化的建筑会让人们有距离感，与环境格格不入。这类建筑的改造原则就是既要展现乡村自己的文化特色，又能与周边的自然环境相融合。

四、艺术创作类建筑

除了以上具有一定目的性的乡村建筑改造以外，还有一种类型的改造，就是设计师和艺术家共同完成的艺术作品类型的建筑改造。这种类型的建筑对于改善乡村环境也有很大帮助。这类改造具有很大的主观意识，依赖于设计师和艺术家的创作手法和创作理念，改造后的建筑大部分起到了纯粹的审美作用。

因为乡村建筑的面积一般都比较大，进行艺术创作的时候有很大的空间。而改造后的建筑，改善了乡村的面貌，也提高了居民的审美情操。

在如今经济高速发展的社会环境影响下，乡村的城镇化进程加快，很多乡村建筑都被全新的建筑所取代，其中也包括那些具有文化和历史意义的建筑。人们按照自己的意愿和需求改造建筑，最终只会加深破坏，甚至是降低使用的年限，因此，乡村建筑的改造应该交由更专业的设计师去参与，这样才能最大限度地保护好原有的建筑。

很多传统乡村建筑的改造对于保护传统建筑有很大的帮助。改造或多或少都会受到当地文化的影响，有的设计师擅长运用当地的特殊建筑材料来进行改造。大部分乡村建筑的改造注重本土文化的保留，无论是建筑立面的改造还是建筑内部结构的重新规划，都会和当地的环境相融合。

第三节　乡村振兴目标下乡村建筑改造设计的方法

在乡村振兴这一宏伟蓝图的指引下，乡村建筑作为乡村文化的重要载体和乡村风貌的直观展现，其改造设计显得尤为重要。随着城乡发展不平衡问题的日益凸显，乡村建筑面临着功能退化、风貌破败、文化缺失等多重挑战。所以，如何在尊重乡村自然环境和历史文化的基础上，通过科学合理的改造设计方法，提升乡村建筑的功能性、美观性和文化性，成为乡村振兴亟待解决的问题。

一、因地制宜方法

乡村建筑的多样性源自其依据不同条件所做出的适应性选择，这种选择深刻体现了历史文化的传承与地域气候地理条件的独特性。在南方，由于气候潮湿闷热且地形多山密林，人们从古老的巢居习俗中汲取灵感，发展出了干阑式建筑。这类建筑巧妙地抬高了楼板，既避免了地面的湿气，又适应了复杂的地形，展现了人与自然和谐共生的智慧。相比之下，北方则以窑洞为特色，这些建筑洞口朝南，巧妙地捕捉冬日暖阳，同时以实墙为主，减少开窗面积，有效抵御冬季的寒风侵袭，确保室内的温暖与舒适，完美适应了寒冷干燥的气候特点。所以，在乡村建筑改造设计的过程中，应当充分尊重并融入这些地域性建筑风格，确保改造后的建筑既能彰显地方特色，又能与周边环境和谐共生。对于南方地区而言，改造设计应倾向于减少厚重实墙的使用，转而采用更多玻璃等材质，并合理布局窗户，以增强通风效果，从而有效改善夏季室内潮湿炎热的问题。

二、就地取材方法

乡村之所以能够积极投身于改造设计之中，离不开国家新农村建设和乡村振兴政策的强有力支持。然而，改造项目所伴随的巨大人力、物力与财力需求，往往让众多尚未充分开发的农村地区感到力不从心。在历史的长河中，人们早已探索出如何高效利用自然资源，通过巧妙加工获取优质建筑材料的方法。这些创新材料不仅克服了传统原材料的局限性，还巧妙保留了传统建筑的风貌特色。鉴于地域性建筑材料大多源自自然，它们具备易获取、生态友好等显著优势，因此在乡村建筑改造设计过程中，积极采用当地或邻近地区生产的建筑材料，是一种既经济又环保的策略。此举不仅能够大幅度减少采购现代化材料所需的高昂费用，还能有效降低长途运输带来的成本负担，并简化施工流程，提高施工效率。

第四节 乡村振兴目标下乡村建筑改造设计的意义

当今城市发展的面貌日益趋向同质化，而乡村地区则以其鲜明的地域性特色逐渐吸引了人们的目光。北京的四合院，以其独特的院落布局和深厚的文化底蕴，成为中国传统民居的典范；山西平遥的古城，则以其保存完好的明清时期建筑风貌，展现了古代城市的辉煌与沧桑。江南水乡，浙江的氏族村落如同一幅幅淡雅的水墨画，粉墙黛瓦间流淌着千年的历史与文脉，与周围的田园风光交相辉映，展现出一种宁静致远的乡村美学。而在西南边陲，重庆与贵州的吊脚楼依山傍水而建，巧妙利用了地形的起伏变化，既解决了居住空间的问题，又形成了独特的建筑景观，与当地的自然环境、风土人情紧密相连，成了地域文化的生动写照。但是，随着时间的流逝，很多建筑开始不能履行之前的功能，如果就此淘汰，那么这些具有地域特色的建筑就会慢慢消失，因此，需要进行改造以实现全新的作用。"看得见山水，望得见乡愁"是我们对乡村的期望，美丽乡村的背后，设计师遵循的原则是人与自然的和谐相处。乡村建筑改造设计不仅仅是获得新的功能，更多的是对文化振兴、产业振兴和环境改善的作用。

一、乡村建筑改造助力文化振兴

文化振兴的核心在于全面推动物质文明与精神文明同步发展，致力于丰富和繁荣农村文化。通过培育文明乡风、树立良好家风、弘扬淳朴民风，努力改善农民的精神风貌，逐步提升乡村社会的文明程度[1]。这一过程旨在激发乡村文化的新活力，展现出乡村文明的新气象，让乡村成为物质文明和精神文明和谐共生的美好家园。

乡村建筑的改造对于延续乡村文化有重要的作用。众多乡村传统建筑正面临废弃或淘汰的困境，然而，设计师们通过精心改造，不仅成功保留了这些建筑的原始风貌，更赋予了它们全新的功能，让乡村建筑焕发出新的生机与活力。例如，有许多乡村建筑改造中有最终被用来当作图书馆或者是书店的，这种建筑的改造有助于提高乡村社会的文明程度。

---

[1] 刘燕荣，黄义华.乡村文化建设实现路径及启示[J].合作经济与科技，2021（5）：22-25.

乡村建筑的改造，也能对乡村传统文化进行保护、传承与发展，使其与现代文化有机融合，更好地延续乡村文化血脉。一些建筑改造后变成了居民聚集地，丰富了居民的业余生活，也为周边居民提供了合适的交流场所。同时，用于商业用途的建筑改造，为村民提供了展示传统文化的平台。乡村的非物质文化遗产得以保护、传承与发展，如乡村优秀传统曲艺表演、民间手工艺术、传统节庆活动等。建筑改造成的民宿，提供了广阔的平台，游客来此旅游必定会接触到当地的传统文化。乡村传统文化与乡村旅游深度融合，不断激发乡村文化的活力。

二、乡村建筑改造助力产业振兴

乡村产业振兴一般指的是农业产业的发展，但是乡村振兴中提出，乡村产业振兴要紧紧围绕农村一二三产业融合发展，丰富产业的多样性，当然其中要以农业为主。而乡村建筑改造之后必定会给当地带来一定的新兴产业需求，例如，日益完善的旅游业的发展，也会给周边农副产品的发展带来新的转机。相对于在城市能看到的农产品，游客更愿意在当地购买特色农产品，而这些经过改造后的建筑给这些产品提供了展示的平台。很多民宿中都会对当地特色产品进行展示和售卖。

如今，城市居民对自然观光、休闲旅游、体验式观光的需求日益增多。乡村良好的自然风光、传统建筑的独特风貌、慢节奏的生活，成为城里人放松的选择。乡村也随之出现了农家乐、周边游等乡旅结合、一二三产业融合发展的产业形态，形成了庄园式休闲农业和体验式休闲农业等产业模式。但是原有的建筑或是过于简单古朴，或是设施简陋，既不能吸引游客，旅游体验感也不好，所以需要现代化设施的民宿或者建筑来满足城市居民对于乡村自然生活的向往。这样才能有良性的循环，吸引人们来到乡村享受生活。同时，这样的产业也能吸引更多的农民回归乡村。

产业振兴最主要的就是能给农民带来经济收入。以往农民主要依赖于农业发展，如今的乡村建筑改造可以给乡村带来一定的经济利益和丰富乡村产业。如今的旅游业发展迅速，人们不仅是要去看美丽的风景，也想体验乡村生活。很多乡村具有一定的地域特征及人文价值，改造后的民宿、图书馆、酒吧、展览馆甚至是活动中心，都可以给人们带来不一样的体验。

三、乡村建筑改造助力环境改善

环境大致可以分为自然环境和人文环境。在乡村，无论是住宅还是其他被废弃的建筑，使用的都是比较落后的建筑手法，虽然在某一方面体现了当地的特色，但是，这种建筑手法会增加乡村的空气污染。而在乡村建筑改造中，很多改造都使用了全新的建筑材料，减少了煤和木炭的使用，能有效地减少空气污染，改善乡村自然环境。

从审美角度来看，乡村建筑改造给乡村带来了新的审美体验，改善了人居环境，给乡村带来了另一种风貌。乡村建筑改造还包括对整体乡村的改造，如整治生活污水、生活垃圾的处理等，能有效地改善农村居民的生活环境。

在如今中国乡村振兴中，设计师不断地尝试新的设计方法和新的设计理念，不仅是改造了乡村建筑，更多地是在保留乡村特色的前提下，实现乡村建筑的重生，赋予建筑新的生命力。

第四章 乡村振兴目标下乡村建筑基本改造设计

乡村建筑基本改造设计是乡村振兴的重要组成部分，旨在通过对农村建筑进行科学规划和有效设计，提升农村居民的生活条件和促进当地文化传承。相关设计内容强调在综合考虑生态环境、文化传承、可持续发展等方面的基础上，力求为乡村振兴提供可行性强、实用性强的改造设计，希望能够为乡村振兴提供一些新的思路和方法，为中国乡村建筑基本改造发展贡献一份力量。基于此，本章主要围绕美好型乡村建筑改造设计方法、文旅型乡村建筑改造设计方法、产业型乡村建筑改造设计方法、其他类型乡村建筑改造设计方法展开。

第一节 美好型乡村建筑改造设计方法

一、美好型乡村建筑改造设计理念

（一）以人为本的设计理念

1. *居住舒适性*

居住舒适性是美好乡村建设中乡村建筑改造设计的核心目标之一。乡村建筑作为村民日常生活的重要载体，其舒适性直接影响着村民的生活质量和幸福感。因此，在进行乡村建筑改造设计时，必须始终将居住舒适性放在首要位置，采取切实有效的措施来提升乡村建筑的宜居性。

从空间布局角度看，合理的功能分区和流线组织是实现居住舒适性的关键。传统乡村建筑往往存在空间布局混乱、动静区划分不清等问题，严重影响了村民的居住体验。因此，在改造设计中，设计师要根据村民的生活习惯和需求，对建筑空间进行科学合理的划分，如将起居室、卧室等安静区域与厨房、卫生间等服务区域分开，确保各功能区之间相不干扰；同时，要优化建筑内部的动线组织，减少空间交叉，提高空间利用效率，为村民营造一个舒适、便捷的生活环境。

从室内环境角度看，良好的采光通风、温度湿度调节是提升居住舒适性的有效途径。乡村建筑要充分利用自然条件，合理设置门窗位置和大小，促进自然光线的引入和空气的流通，改善室内光照和通风效果；针对不同气候特点，因地制宜地选择墙体材料和屋面形式，加强建筑的保温隔热性能，使室内温度湿度保持在舒适区间，比如，在炎热地区，可在建筑周围种植绿植，利用植被的遮阳、降温、调湿作用，打造清凉舒适的生活环境。

从设施配套角度看，完善的生活设施和现代化装备是满足村民居住需求的必要条件。随着农村生活水平的提高，村民对生活品质的要求也不断提升。因此，在乡村建筑改造中，要因地制宜地配备必要的生活设施，如厨房、卫生间、自来水、电力、通信等，满足村民的基本生活需求；同时，要引入现代化的装备和技术，如太阳能热水器、空调系统等，提高能源利用效率，改善居住体验，让村民体验到现代生活的便利和舒适。

此外，在乡村建筑改造设计中，还要注重人文关怀，满足村民的精神文化需求。可以在建筑中设置独立的学习、工作、娱乐区域，为村民提供一个安静、舒适的个人空间；在公共空间中融入乡村文化元素，如乡土风情、民俗活动等，丰富村民的精神生活，提升其文化认同感和归属感；鼓励村民参与改造设计过程，倾听他们的意见和建议，使建筑真正成为村民的精神家园。

居住舒适性是乡村建筑改造设计的永恒主题。只有立足村民需求，从空间布局、室内环境、设施配套等多个维度入手，并融入人文关怀理念，才能真正提升乡村建筑的宜居品质，为村民营造一个舒适、健康、温馨的生活环境。这既是美好乡村建设的应有之义，也是实现乡村振兴、促进农民生活质量提升的必然要求。在新时代背景下，不断探索提升乡村建筑居住舒适性的新思路、新方法，对于推动乡村现代化建设、实现农业农村现代化具有重要意义。

2. 空间利用效率

在乡村建筑改造设计中，提高空间利用效率是一项重要而复杂的任务，需要设计者立足实际需求，兼顾功能性与美观性，在有限的空间内实现空间价值的最大化。这不仅关乎村民的居住体验，更关乎乡村的可持续发展。

传统乡村建筑往往存在空间布局不合理、功能分区模糊等问题，导致空间利用效率低下。针对这一现状，设计者首先需要对现有建筑进行全面评估和测绘，掌握建筑的结构特点、空间尺度、材料属性等基本信息。在此基础上，设计者要深入分析村民的实际需求，了解他们对生活空间的功能期望和使用习惯。只有充分尊重村民意愿，才能做到因地制宜，量体裁衣。

在具体设计环节，灵活的平面布局和巧妙的空间组合是提高利用效率的关键。设计者可以打破传统的室内空间隔断，采用开放式、流动式的布局方式，实现空间的有机整合与灵活分隔。例如，将起居室与餐厅合二为一，既节省了空间，又便于家人交流；利用移动隔断或家具，可以根据需要随时调整空间功能，实现一室多用。同时，立体化的空间利用策略也不容忽视。充分利用墙面、地面、顶棚等立面空间，设置壁柜、吊柜、夹层等收纳设施，既满足了村民的储物需求，又丰富了空间层次。

合理的动线组织也是提高空间利用效率的有效手段。设计者要充分考虑村民的日常活动流线，优化空间序列，减少交通空间的占用，提高空间的使用率。比如，将卫生间、厨房等服务空间集中布置，既方便使用，又避免了对其他空间的干扰；利用玄关、过道等过渡空间设置储物空间，既利用了"边角料"空间，又缩短了动线距离。此外，科学的尺度把控也十分重要。设计者要根据村民的身体尺度和家具尺寸，合理确定各功能空间的尺度，既要满足使用需求，又要避免空间浪费。对于老人、儿童等特殊人群，还需考虑无障碍设计，确保空间的舒适性和安全性。

在提高空间利用效率的同时，设计者还要注重营造空间的舒适感和美感。采用合理的采光设计，引入自然光，提高空间的明亮度和通透性；选用低饱和度、高明度的色彩，营造清新舒适的视觉效果；利用家具、陈设等元素，添加温馨的人文气息。这些细节的处理，都有助于提升村民的居住体验，让有限的空间焕发无限的活力。

乡村建筑空间利用效率的提高，不是简单的技术堆砌，而是设计理念、方法策略、审美追求的综合体现。设计者要立足村民需求，尊重乡土特色，运用先进技术，在传承与创新中实现空间价值的最大化。这不仅关乎村民的居住品质，更关乎乡村振兴的远景目标。只有不断提高乡村建筑的空间利用效率，才能为美丽乡村建设注入新的活力，为乡村的可持续发展提供有力支撑。

3. 环境友好性

环境友好性是乡村建筑改造设计中不容忽视的重要理念。在建筑设计中融入绿色环保的理念，不仅能够减少建筑对环境的负面影响，更能促进人与自然的和谐共生。从建筑材料的选择到施工工艺的优化，从能源的高效利用到废弃物的循环再生，环境友好性贯穿于建筑全生命周期的方方面面。

在材料选择上，优先使用当地可再生资源，如竹材、稻草等，不仅能够降低建筑材料的生产和运输成本，减少碳排放，还能促进当地经济的可持续发展。同时，积极引入新型环保材料，如低碳混凝土、再生塑料等，以替代传统的高耗能、高污染材料，进一步提升建筑的环保性能。

在施工工艺上，采用节水、节能、减排的绿色施工技术，最大限度地减少建筑垃圾的产生和有害物质的排放。例如，推广预制装配式建筑，将建筑构件在工厂预制，再运至现场组装，不仅能够提高施工效率，缩短工期，还能显著降低建筑垃圾的产生量。又如，应用雨水收集系统，将屋面雨水引入蓄水池，经过简单处理后用于绿化灌溉、冲洗等，既能节约水资源，又能减轻排水系统的压力。

在能源利用上，大力推广可再生能源，如太阳能、地热能等，以减少对化石能源的依赖。通过建筑屋顶光伏发电、地源热泵供暖制冷等技术的应用，不仅能够满足建筑自身的能源需求，还能将富余电力输送至电网，实现能源的梯级利用。同时，优化建筑围护结构的热工性能，提高门窗的气密性和遮阳性能，最大限度地减少建筑能耗,营造舒适的室内环境。

在废弃物处理上,倡导"减量化、再利用、资源化"的原则,最大限度地减少建筑垃圾的产生,提高资源利用效率。对于不可避免产生的建筑垃圾,要进行分类收集和无害化处理,尽可能将其转化为再生资源。例如,将废旧混凝土块经过粉碎、筛分后,制成再生骨料,用于道路铺设、地基填充等。又如,将废弃的木材、塑料等可燃物质,经过热解、气化等处理,转化为清洁燃料,用于供热发电。

将环境友好性理念融入乡村建筑改造设计的全过程,是实现美丽乡村建设、推动乡村可持续发展的必由之路。一方面,环境友好型建筑能够最大限度地减少对自然环境的干扰和破坏,维护生态平衡,保护乡村原有的山水田园风貌。另一方面,绿色环保的理念还能引导村民树立环境保护意识,养成节约资源的生活习惯,推动形成人与自然和谐共生的乡村生态文明。

总之,在乡村建筑改造设计中坚持环境友好性理念,通过绿色材料的选用、节能工艺的应用、可再生能源的利用、废弃物的循环利用等途径,最大限度地减少建筑活动对环境的负面影响,营造宜居、宜业、宜游的美丽乡村,为实现乡村振兴和可持续发展提供坚实的物质基础和精神动力。这既是设计师的责任所在,也是时代赋予我们的光荣使命。

(二)遵循"村特色"的设计风格

1. 传统建筑元素

传统建筑元素在乡村建筑改造设计中扮演着至关重要的角色,它们不仅是乡村文化的重要载体,更是实现建筑与环境协调统一的关键。在乡村建筑改造过程中,如何恰当地融入传统建筑元素,使其与现代建筑理念和技术相结合,是设计师需要审慎考量的重要课题。

从文化传承的角度看,传统建筑元素是一个地区历史文化的重要体现。每一个建筑细部,如屋顶形式、墙体材料、门窗样式等,都凝结着当地人民的智慧结晶和审美追求。将这些元素巧妙地融入改造设计中,能够唤起村民的文化认同感,激发其对家乡的热爱之情。同时,这些富有地域特色的建筑语汇也能够吸引外来游客,成为展示乡村魅力的重要窗口。

从生态环保的视角来看,传统建筑元素大多源于当地自然环境,体现了人与自然和谐共生的理念。例如,徽派建筑大量使用当地的青石、木材等材料,不仅取之不竭,而且具有良好的隔热保温性能,冬暖夏凉。再如,西南地区的吊脚楼充分考虑了当地湿热多雨的气候特点，架空的建筑形式利于通风防潮。将这些传统元素运用到乡村建筑改造中，能够最大限度地利用当地资源，减少对环境的破坏，实现可持续发展。

从空间布局的角度来看，传统建筑元素蕴含着丰富的空间组合逻辑和人文关怀。例如，北京四合院的布局讲究对称、序列和尊卑有别，反映了传统儒家文化的等级观念。而江南民居的天井设计则营造出内外交融、亲近自然的居住环境。这些传统的空间布局方式对于改善现代乡村建筑的功能分区、交通组织和景观营造具有重要启示。设计师应该在深入研究传统建筑空间的基础上，结合当代乡村生活的实际需求，探索更加合理、舒适、高效的空间组织模式。

当然，在乡村建筑改造中引入传统元素并非简单地复制和拼贴，而是要进行创新性的转化和再设计。第一，设计师要甄别传统元素的精华所在，去粗取精，剔除其中封建迷信或不合时宜的部分。第二，要善于将传统元素与现代建筑技术相结合，如利用新型材料替代传统材料，在保留原有风貌的同时提高建筑性能。第三，还要注重传统元素的提炼和融合，在形神兼备的前提下进行新的造型表达，使其更加契合当代审美需求。

例如，浙江安吉县余村的民居改造项目，就充分挖掘了当地传统建筑白墙黛瓦的特色，并将其与现代语汇巧妙结合，形成了素雅简约的建筑立面，受到了村民和游客的广泛好评。而在福建永定县下洋村的土楼改造中，设计师则通过对传统土楼空间形式的现代演绎，创造出了兼具实用性和景观性的村落公共空间，成为展示客家文化的亮丽名片。

总之，传统建筑元素是乡村建筑改造设计的宝贵资源和灵感源泉，改造时应该以文化自信和创新勇气，积极探索传统元素在新时代背景下的传承与发展，在延续乡土记忆的同时，为美丽乡村建设注入新的活力。只有找准传统与现代的契合点，才能真正实现乡村建筑的焕新蝶变，为广大农民创造更加美好的生产生活环境。这既是设计师的责任所在，也是实现乡村振兴战略的应有之义。

2. 地域文化融合

在乡村建筑改造设计中融入地域文化元素，不仅能够彰显当地独特的人文魅力，更能激发村民的文化自信，增强乡村社区的凝聚力。地域文化是一个地区在长期发展过程中形成的独特文化体系，包括物质文化、精神文化和制度文化等多个层面。在乡村建筑改造中，设计师需要深入了解当地的历史传统、风俗习惯、审美情趣等文化内涵，并将其巧妙地融入建筑设计之中。

从建筑形态来看，设计师可以借鉴当地传统民居的空间布局、建筑风格和装饰特色，在继承传统的基础上进行创新演绎。例如，江南水乡的乡村建筑可以采用白墙黛瓦、河埠廊桥等代表性的建筑，山区乡村可以利用当地丰富的山地资源，因地制宜地打造层叠有致的院落空间。这些富有地域特色的建筑形态不仅能够唤起村民的文化记忆，还能吸引外来游客，促进乡村旅游的发展。

从建筑材料来看，乡村建筑改造应当充分利用当地的自然资源和传统工艺。例如，北方农村可以采用黏土、石材等就地取材的建筑材料，南方农村可以延续木构建筑的传统，运用当地优质的木材。同时，设计师还应重视传统工艺的传承和创新，如砖雕、石刻、木雕等，既能丰富建筑立面的肌理和纹样，又能创造就业机会，带动当地手工艺的发展。

从功能布局来看，乡村建筑改造需要体现地域文化的精神内涵，满足村民的生产生活需求。例如，可以在建筑中设置面向乡村公共空间的庭院或天井，营造邻里交往的场所氛围；可以利用建筑底层或附属建筑打造乡村文化展示空间，陈列当地特色的农具、服饰、手工艺品等，成为传播地域文化的窗口。

乡村建筑的地域文化融合不能简单地照搬照抄，而应在深入理解当地文化精髓的基础上进行提炼和再创造。设计师需要从多个维度挖掘地域文化元素，将其与现代功能需求、审美趣味相结合，赋予传统元素以新的生命力。只有如此，才能在乡村建筑改造中找到传统与现代的平衡点，既保留乡村建筑的文化底蕴，又能焕发其现代活力，为乡村振兴注入文化动能。

值得注意的是，地域文化融合并非乡村建筑改造设计的全部内容，它需要与建筑的安全性、舒适性、经济性等诸多要素相协调。设计师要在尊重地域文化的同时，兼顾建筑的使用功能和建造成本，合理选用新型建筑材料和技术，在传承与创新中寻求平衡。只有实现地域文化、建筑功能、现代技术的有机统一，才能真正打造出既有文化内涵又符合现代生活的宜居乡村。

总之，地域文化融合是乡村建筑改造设计的重要维度。它不仅能够增强乡村的文化认同感，提升农民的获得感和幸福感，更能为乡村旅游、文创产业等带来新的发展机遇。在新时代背景下，深入推进乡村建筑的地域文化融合，对于全面推进乡村振兴、建设美丽宜居乡村具有重要意义。这既是设计师的文化自觉，也是乡村建设的时代呼唤。

3. 自然景观协调

在乡村建筑的改造设计中，如何实现建筑与周边自然景观的协调统一，是一个值得深入探讨的重要课题。传统乡村建筑往往与周边的山水田园、树木花草等自然元素有着天然的亲和力，呈现出人与自然和谐共生的美好图景。然而，随着城镇化进程的加速推进，一些乡村建筑在改造过程中出现了与周边环境格格不入、破坏原有景观风貌的现象。对此，乡村建筑的改造设计必须立足生态、尊重自然，在满足现代生活需求的同时，最大限度地保护和弘扬传统乡村的景观特色。

首先，建筑要与自然景观协调统一，这要求设计师深入了解当地的地理环境、气候条件、植被分布等自然环境，并在此基础上因地制宜地选择建筑材料、确定建筑形式。例如，在山区丘陵地带，可以因势利导，依山就势，将建筑自然地嵌入山体之中，与起伏的地形线条相呼应；在水网密布的平原地区，则可以通过架空、围合等手法，让建筑与水面相映成趣，营造出"小桥流水人家"的诗意意境。同时，在建筑材料的选用上，应优先考虑乡土材料，如石材、木材、竹材等，它们取之于自然，用之于建筑，能够与周边环境自然融合，彰显地域特色。

其次，乡村建筑改造要尊重原有的地形地貌，最大限度地保留场地内原生的地形、水系、植被等景观要素。一些不加选择的大规模土石方工程，不仅破坏了原有的生态系统，也割裂了建筑与场地的情感联系。因此，建筑的体量、布局、走向等都应该顺应场地环境，与周边的山体、水系、绿地等形成呼应与对话。例如，可以利用高差设置错落有致的建筑平台，依托原有的山体地形营造层次丰富的空间序列；又如，可以沿袭当地传统民居的庭院布局，在建筑与建筑之间、建筑与室外空间之间营造出一个个尺度宜人的院落空间，让自然景观渗透到建筑肌理之中。

再次，建筑景观设计要充分利用乡村原有的自然植被资源，通过乔灌草相结合、复层混交等方式营造丰富多样的景观空间。一方面，建筑改造应最大限度保护和利用原生树种，它们不仅能够彰显地域特色，也是当地生态系统的重要组成部分；另一方面，可以根据不同植物的生长习性和景观特征，通过组团、丛植、孤植等多种手法，营造出疏密有致、层次丰富的绿化景观。同时，景观设计还应注重植物配置的季相变化，通过乔木、灌木、草坪、花卉等不同植物的搭配，营造出四季分明、姹紫嫣红的多彩景观，让人们在不同时节都能感受到自然之美。

此外，建筑的细部设计也应体现出对周边自然环境的呼应与借鉴。传统乡村建筑中常见的坡屋顶、青瓦、白墙、木窗棂等元素，都是由当地的气候条件、建筑材料等自然因素决定的，体现了人与自然的和谐共生。在建筑改造中，设计师应充分吸收这些传统元素的精华，并加以创新升华，使其在满足现代生活需求的同时，也能够彰显传统文化底蕴。譬如，可以在传统坡屋顶的基础上，引入现代的绿色屋顶技术，在建筑表皮上营造一片郁郁葱葱的"空中花园"，成为都市中一抹亮丽的风景；又如，可以在建筑的门窗、栏杆等细部构件上采用传统的雕刻、编织等工艺，并融入现代的材料、色彩，使传统的技艺焕发出新的生命力，成为连接传统与现代的文化纽带。

总之，实现建筑与自然景观的协调统一，是乡村建筑改造设计的重要原则。一个优秀的乡村改造项目，应该立足生态、尊重自然，在保护传统景观特色的基础上满足现代生活的需求，并充分展现传统文化、乡村生活的美好图景。只有这样，乡村建筑才能与周边环境和谐共生，为人们提供一个亲近自然、回归田园的美好栖居空间，为美丽乡村建设添砖加瓦。这不仅关乎农村地区的生态环境保护和人居环境改善，也彰显了新时代乡村振兴战略的文化自觉与家国情怀，向世人展现出中国传统农耕文明与现代文明交相辉映的动人景象。

二、美好乡村型乡村建筑改造的空间布局与功能优化

（一）农业生产空间的整合

1. 农田与居住区分隔

在乡村振兴战略的背景下，合理规划农田与居住区，对于优化乡村空间布局、提升农村人居环境质量具有重要意义。农田作为农业生产的基本载体，承载着保障粮食安全、维系生态平衡的重任。而居住区则是农民生活、休憩、交往的主要场所，关乎其生活质量和幸福指数。因此，在乡村建筑改造设计中，必须立足农村发展实际，遵循乡村振兴规律，科学划定农田和居住区边界，实现二者的合理分隔与有机融合。

从功能划分的角度来看，农田与居住区分隔的首要目的是避免相互干扰，确保各自功能的有效发挥。具体而言，合理的分隔措施能够最大限度地减少居住活动对农田耕作的影响，防止生活污水、生活垃圾等污染源对农田造成破坏。同时，适度的阻隔也有利于降低农业生产活动中的噪声、灰尘等对居民生活的干扰，营造安静舒适的居住环境。此外，分隔农田与居住区还能够避免农药、化肥等有毒有害物质对村民健康的威胁，切实保障村民的身心健康。

从空间形态的角度来看，农田与居住区分隔应坚持因地制宜、突出地域特色的原则。不同地区的自然禀赋、产业基础、人文传统各不相同，这就要求分隔方

式必须与之相适应、相契合。比如，在平原地区可以利用沟渠、道路等线性要素来划定农田和居住区边界；在丘陵地区可以发挥地形高差的阻隔作用，形成梯田式的空间布局；在山区则可以通过合理配置防护林带、隔离绿地等生态屏障，实现农田与居住区的柔性分隔。无论采取何种方式，都要尊重当地的地形地貌特征，充分体现出乡土风情和文化内涵。唯有如此，才能塑造和谐美好的乡村景观，彰显乡村的魅力和活力。

从土地利用的角度来看，农田与居住区分隔必须坚守耕地保护红线，严格管控建设用地规模。当前，不少农村地区存在非农建设侵占耕地、农田废弃撂荒等现象，这不仅削弱了粮食生产能力，也破坏了乡村原有的空间肌理。对此，在实施分隔措施时，要本着节约集约用地的理念，最大限度地保护耕地资源，避免对优质农田的占用和破坏。与此同时，还要合理确定居住用地的规模和布局，既满足农民生产生活需要，又不对农田造成过大挤压。在具体操作中，可以通过村庄整治、宅基地整理等途径，盘活存量建设用地，提高土地利用效率。

从生态保护的角度来看，农田与居住区应加强生态环境的修复与治理。长期以来，一些农村地区由于缺乏必要的污染防治措施，农田和居住区遭受严重污染，土壤退化、水体富营养化问题日益突出。对此，在推进分隔工作的同时，要高度重视生态环境保护，采取切实有效的措施改善农村人居环境。比如，完善农村污水收集处理设施等，从源头上控制农业面源污染；开展农药化肥减量化行动，推广测土配方施肥、绿色防控等技术，减少化学品的使用量；加强农田防护林网、沟渠沿线绿化带等生态廊道建设，发挥森林、湿地、草地的生态调节功能。只有综合施策、多措并举，才能有效修复农村生态系统，实现农业发展与环境保护的双赢。

综上所述，农田与居住区分隔是优化乡村空间布局、提升农村人居环境质量的重要举措。在实施分隔措施时，必须坚持功能互补、形态协调、用地集约、生态友好的原则，因地制宜、因村施策，切实维护广大农民群众的根本利益。只有统筹考虑生产、生活、生态等多方面因素，加强顶层设计和规划引领，才能破解"农田与居住区纠缠""毁田屯宅""宅基撂荒"等乡村发展难题，为全面推进乡村振兴、加快农业农村现代化提供有力支撑。

2. 农业设施布局

在乡村振兴战略的背景下，科学合理地布局农业设施，对于提升乡村农业生产效率，促进农民增收致富具有重要意义。农业设施布局不仅要考虑到农业生产的需求，还要兼顾乡村生态环境保护和农民生活质量提升等多重目标。只有在系统分析乡村资源禀赋、产业基础、发展方向的基础上，因地制宜地规划农业设施，才能真正实现农业生产与乡村发展的良性互动。

从农业生产角度来看，农业设施布局要以提高农业生产效率为出发点和落脚点。这就要求在布局农业设施时，要充分考虑当地的气候、土壤、水文等自然条件，根据不同作物的生长习性和管理需求，合理配置农田水利、农田道路、农机库棚、粮食烘干等基础设施。例如，在水资源紧缺的地区，应着重布局节水灌溉设施；在机械化程度较高的区域，则要重点完善农机通行条件和配套设施。同时，还要高度重视农田防护林网、生态沟渠等生态型基础设施的建设，利用生物多样性调节病虫害，减少化肥农药使用，提升农业生产的可持续性。

从乡村生态环境保护角度来看，农业设施布局要坚持绿色发展理念，最大限度地减少对自然环境的干扰和破坏。在布局养殖场、农产品加工厂等设施时，要科学评估其环境影响，合理划定布局区域，避免对饮用水源地、生态敏感区等重点区域造成污染。对畜禽粪污、农药包装废弃物等农业废弃物，要因地制宜地配套建设无害化处理设施，推行就地资源化利用，把农业生产中产生的"废弃物"转化为肥料、能源等"资源"，实现农业生产和生态环境保护的协同发展。

从农民生活质量提升角度来看，农业设施布局要充分尊重农民意愿，着眼于改善农民生产生活条件。在布局农产品仓储保鲜设施时，要综合考虑农户分布、交通运输等因素，兼顾农民出行便利和农产品流通效率；在布局农村新能源设施时，要优先考虑满足农民取暖、炊事、照明等基本生活用能需求，并为农民创收提供机会，如利用畜禽粪污、秸秆等资源发展沼气等清洁能源，既可解决农村环境污染问题，又能实现资源的梯级利用，促进农民增收。

农业设施的科学布局是一项复杂的系统工程，需要政府、企业、农民等多元主体的协同发力。政府要加强统筹规划和政策引导，完善农业基础设施建设补贴、农村新能源发展补贴等政策，引导和鼓励农民、农业企业积极参与；农业企业要发挥技术、资金、市场等优势，与农民合作，共建共享现代农业设施；农民则要转变发展理念，提高建设、使用、管护农业设施的主动性和积极性。只有多方携手，加强顶层设计，完善建设机制，才能不断提升农业设施的覆盖面和完备性，为乡村全面振兴提供有力支撑。

农业设施布局事关农业现代化发展全局，对于加快推进农业供给侧结构性改革、提升农业综合生产能力具有重要意义。在以习近平同志为核心的党中央坚强领导下，我们要立足新发展阶段，贯彻新发展理念，构建新发展格局，科学统筹规划、合理布局农业设施，推动形成布局合理、设施完善、功能齐全、集约高效的现代乡村农业设施体系，为全面推进乡村振兴、加快农业农村现代化提供有力保障。

3. 农产品加工区设置

在乡村建筑改造设计中，农产品加工区的合理设置对于提升乡村生产力、促进农民增收致富具有重要意义。农产品加工是连接农业生产和市场消费的关键环节，是实现农业产业化、提高农产品附加值的重要途径。因此，在改造设计过程中，必须高度重视农产品加工区的规划布局，充分发挥其在乡村经济发展中的积极作用。

农产品加工区的设置应当立足村庄实际，因地制宜、科学规划。首先要考虑村庄的主导农产品类型和生产规模，合理确定加工区的功能定位和用地范围。例如，以粮食作物种植为主的村庄，可以规划建设粮食烘干、脱皮、碾米等初加工设施；而以经济作物或特色农产品为主的村庄，则可以发展精深加工，提高产品档次和附加值。同时，加工区的选址要充分考虑交通条件、水电供应、环境容量等因素，确保加工过程安全、高效、环保。

农产品加工区的设计还应体现现代化、产业化的发展理念。传统的农产品加工往往依托农户分散进行，存在规模小、工艺落后、质量参差不齐等问题。而通过科学规划和设计，集中连片建设现代化农产品加工园区，引进先进技术和装备，既能实现规模化生产、标准化管理，提高加工效率和产品品质；又能节约土地资源，改善村容村貌，为乡村振兴注入新的活力。加工园区还可以与周边的果蔬种植基地、养殖场等形成紧密的产业链条，打造"生产＋加工＋营销"的一体化经营模式，拓宽农民就业增收渠道。

此外，农产品加工区的建设还要充分吸收农民参与，促进村企利益联结。一方面，要尊重农民的意愿，积极听取其对加工区选址、功能、经营模式等方面的意见建议；另一方面，要鼓励农民以土地、资金、劳动力等形式入股加工企业，让其分享产业发展红利。农民的广泛参与不仅有利于加工区规划的优化完善，也有利于增强其获得感、幸福感，促进农村社会的和谐稳定。

农产品加工区作为乡村产业融合发展的重要平台，在建设过程中还要注重与村庄整体风貌的协调统一。加工区的厂房、仓储等建筑设计应当传承乡土特色，采用传统建筑形态和地方材料，与周边自然环境和村落肌理相得益彰。同时，加工区还可以融入农事体验、观光采摘等休闲旅游元素，发展创意农业，带动乡村旅游消费，形成"农业+加工+旅游"的多业态融合格局。

总之，农产品加工区设置是乡村建筑改造设计的重要内容，对于激发乡村发展活力、促进农民就业增收具有重要意义。在设计过程中，设计师必须立足村庄资源禀赋和主体功能，因地制宜、科学规划，注重农产品加工与三产融合发展，形成设施现代、布局合理、功能完善的加工聚集区。只有不断完善乡村生产空间配置，提升农产品加工水平，才能为乡村全面振兴提供有力支撑。新时代乡村建设的号角已经吹响，广大乡村建筑设计师理应勇担使命，运用专业所学，贡献智慧力量，让农产品加工区成为乡村产业兴旺、农民生活富裕的助推器。

（二）交通与通行路径的规划

1. 主干道设计

乡村振兴战略的实施为乡村建筑改造设计提供了历史性机遇。在这一过程中，合理规划乡村道路交通网络，优化主干道设计，对于改善农村人居环境，提升乡村经济社会发展水平具有重要意义。

科学的主干道设计首先应立足乡村实际，因地制宜地选择道路走向和路线方案。设计人员要深入田间地头，全面了解当地地形地貌特征、土地利用现状、村落分布格局等，在此基础上合理确定主干道的起讫点、控制点，使其与乡村发展规划相协调。同时，主干道设计还应充分尊重村民意愿，广泛听取群众对道路建设的意见和建议，使规划方案真正符合村民的出行需求。只有扎根乡土，贴近民意，才能使主干道规划更加科学合理，切实为村民带来实惠。

功能多样性是主干道设计需要重点考虑的因素。在传统农村，道路往往仅承担交通功能，缺乏经济、社会、文化等多元价值。而在乡村振兴背景下，主干道的设计更加注重发挥道路的综合效益。这就要求设计人员在保证道路基本通行功能的同时，还要为沿线产业发展、公共服务设施配套、乡村文化传承等预留空间。例如，可以在主干道两侧规划建设特色农产品加工、包装、销售等设施，打造乡村产业发展廊道；又如，可以在道路节点规划建设文化广场、非物质文化遗产展示馆等，弘扬乡村优秀传统文化。总之，主干道不仅要畅通城乡经济社会发展的"大动脉"，更要成为展示乡村风貌特色、凝聚乡村文化底蕴的重要载体。

生态友好性是新时代乡村主干道设计的重要原则。长期以来，我国农村道路建设"简单、粗放，对沿线生态环境造成了不同程度的损害。而在生态文明建设的大背景下，主干道设计必须树立"绿水青山就是金山银山"的理念，最大限度地降低对自然生态系统的干扰。为此，设计人员要因地制宜地选择路基路面材料，优先考虑透水性好、热岛效应低的生态材料，尽可能减少对原有植被和水系的破坏；要合理设置野生动物通道、生态廊道等设施，减少道路建设对动物栖息地的割裂影响；要加强道路沿线绿化美化，充分利用乡土植物，营造多样化、多层次、多功能的生态景观，实现道路与自然环境的和谐共生。唯其如此，才能促进人与自然、经济与生态的平衡发展，为乡村可持续发展奠定坚实基础。

乡土特色是彰显乡村主干道设计水平的重要维度。在全球化、工业化的影响下，许多农村道路建设缺乏地域特色，千村一面、缺乏个性。这不仅无法体现乡村的独特魅力，更难以激发村民的归属感、认同感。因此，主干道设计要立足乡土文化，因地制宜、因村施策，彰显地域特色。设计人员要深入发掘当地历史文化资源，充分利用具有乡土特色的造型、材料、色彩等元素，使主干道与周边建筑、景观浑然一体，成为展示乡村个性魅力的重要窗口。例如，可以在道路两侧种植具有地方特色的树种，营造富有乡土气息的道路景观；又如，可以利用当地特色建筑材料铺装人行道，体现对乡土文化的传承与弘扬。这样可以在城镇化、现代化的潮流中，留住乡愁，焕发乡村活力。

优化乡村主干道设计不是一蹴而就的，它需要设计人员不断深化认识，与时俱进地创新理念、完善方法。这就要求设计人员要坚持以人为本、因地制宜的原则，立足乡村实际，尊重村民意愿，把满足村民出行需求作为根本出发点和落脚点；要树立系统思维、综合视角，统筹考虑产业发展、公共服务、生态保护、文化传承等多重目标，实现道路建设与乡村振兴的良性互动；要善于学习借鉴国内外先进经验，探索道路景观营造、安全设施配套、智慧管理应用等方面的新模式、新技术，不断提升主干道设计的科学化、精细化、人文化水平。只有如此，才能不断开创乡村道路建设的新局面，为全面推进乡村振兴提供更加坚实的基础支撑。

总之，在乡村振兴的时代背景下，优化主干道设计已经成为助推农村经济社会发展的重要抓手。这就要求设计人员要立足国情、放眼世界，把握时代脉搏、顺应发展大势，努力探索具有中国特色、彰显时代特征的主干道设计新理念、新模式、新路径。只有不断解放思想、更新观念，与时俱进、开拓创新，才能切实发挥主干道在服务乡村产业、改善人居环境、传承优秀文化、展示美丽乡村等方面的独特作用，为乡村全面振兴、农业农村现代化提供有力支撑。这既是新时代赋予乡村建设者的光荣使命，更是全面建设社会主义现代化国家的应有之义。

2. 步行道与自行车道规划

在乡村建筑改造设计中，合理规划步行道与自行车道是优化交通路径、改善居民出行体验的重要举措。步行和骑行是乡村居民日常出行的主要方式，兼具经济、便捷、环保等多重优势。然而，在传统乡村建设中，步行道与自行车道往往缺乏系统性规划，存在布局杂乱、路况不佳等问题，不仅影响出行效率，更存在一定的安全隐患。因此，在美好乡村建设的背景下，深入探讨步行道与自行车道的规划设计策略，对于提升乡村建筑品质、营造宜居生活环境具有重要意义。

步行道与自行车道规划设计应遵循以人为本、因地制宜的原则。一方面，要充分考虑村民的出行需求和行为习惯，合理布局步行道与自行车道，提供安全、便捷、舒适的出行环境。步行道宽度应满足至少两人并行的要求，并设置无障碍设施，方便老年人、儿童、残障人士等特殊群体通行。自行车道应与机动车道适度隔离，确保骑行安全。同时，可在自行车道旁设置停车架，为骑行者提供便利。另一方面，步行道与自行车道的规划布局还应契合村落肌理和地形地貌特点，最大限度利用现有道路基础，减少对自然环境的干扰。在道路高差较大的地段，可采用台阶、坡道等形式，并配以防滑措施，确保行走安全。

步行道与自行车道的铺装材料选择与细部设计也值得关注。铺装材料应具备耐磨、防滑、易维护等性能，可因地制宜选用砖、石、沥青、混凝土等。乡村自行车道宜采用透水砖等生态材料铺装，在满足使用需求的同时，兼顾生态效益。在人行道和自行车道交汇处，应设置明显的标识和缓冲区，保障行人和骑行者的安全。在道路两侧装置必要的照明设施，提升夜间通行安全性。考虑到乡村生活的悠闲舒适，可在步行道和自行车道沿线适当增加休憩节点，配置座椅、遮阳棚、饮水装置等便民设施，营造宜人的乡村氛围。

步行道与自行车道规划还应与乡村的整体交通网络相衔接。在村庄出入口、公共服务设施、景点等主要节点合理设置接驳点，打造"门到门"的无缝衔接，引导村民绿色出行。在村庄主干道、支路、巷道等不同等级道路中，构建分层级的人行系统和自行车系统，形成安全、便捷、高效的慢行交通网络。考虑到村民日常生活与生产的关联性，步行道与自行车道还应与田间道路、村级公路有机衔接，满足村民多元化的出行需求。

此外，步行道与自行车道的规划设计还应注重乡土特色的塑造。可结合当地历史文化、风土人情，在道路景观设计中融入本土元素，如使用具有地域特色的铺装材料、种植乡土植物、设置文化景观小品等，彰显乡村的独特魅力。鼓励村民参与道路建设与维护，增强认同感和归属感。定期开展道路使用宣教、文明交通宣传等活动，提升村民交通安全意识，共建美好家园。

乡村步行道与自行车道规划是美好乡村建设的重要内容，对于改善村民生活品质、提升乡村文明程度具有重要意义。在实践中，要立足乡村实际，尊重村民意愿，因地制宜、循序渐进地推进规划实施。通过合理的步行道与自行车道布局，完善的设施配套，精细的景观设计，丰富的文化内涵，构建起安全、便捷、宜人的乡村慢行系统，为乡村居民营造舒适、健康、充满活力的生活环境，为美丽乡村建设增添新的亮色。

3.停车区域安排

乡村停车区的合理布局与规划，是美好乡村建设中不可忽视的重要环节。随着乡村经济的发展和农民生活水平的提高，私家车在农村地区的普及率不断攀升。然而，由于缺乏系统的停车规划，许多乡村地区出现了车辆乱停乱放、道路拥堵等问题，不仅影响了乡村的整体面貌，也给村民的日常出行带来了不便。因此，在乡村建筑改造设计中，合理规划停车区域，对于改善乡村人居环境、提升村民生活质量具有重要意义。

停车区域的布局应立足乡村实际，充分考虑村民的使用需求和习惯。一般来说，停车区域应设置在居民区、公共活动区、农业生产区等主要功能区的边缘地带，既要方便村民停车，又要避免对村庄的整体布局造成干扰。在选址时，应充分利用村庄现有的闲置空间，如废弃的院落、荒地等，尽可能减少对耕地的占用。同时，停车区域还应与主干道、步行道等交通路径相衔接，保证村民停车后能够快速、安全地到达目的地。

在停车区的具体设计中，应合理划分车位，为不同类型的车辆提供适宜的停放空间。根据乡村的实际情况，可以划分小型车、大型车、农用车等不同的停车区，并设置明显的标识和引导标志，方便村民识别和使用。停车区的地面应采用透水砖、生态植草砖等环保材料铺设，既能满足车辆通行的需求，又能减少雨水径流，防止水土流失。在停车区周边，可以种植乔木、灌木等绿色植被，既能够美化环境，又能够起到遮阳、降温的作用，为村民提供更加舒适的停车体验。

此外，停车区还应配备必要的服务设施，提升其功能性和便利性。例如，可以在停车区内设置充电桩，方便电动车充电；设置简易的维修点，提供车辆保养、维修等服务；设置公共厕所、休憩座椅等，满足村民的基本需求。

以人为根本是美好型乡村建筑改造的主线，在建设的过程中，设计师要敢于创新，努力尝试，探索出符合本土特色，又具有一定共性的建筑改造思路，要保护好农村当地具有乡土特色的自然生态景观和人文景观，以当地特色作为村域发展的根本，改善并提高农村居民生活环境。

第二节 文旅型乡村建筑改造设计方法

文旅型乡村建筑改造设计方法主要包括以下几个方面。

一、尊重并挖掘乡村原有文化

尊重并挖掘乡村原有文化是指在设计过程中，应尊重并挖掘乡村原有的建筑和景观特征，如川西林盘的建筑和景观特征，以及宁远古城的文化元素，将这些元素融入改造设计中，以体现乡村的独特性和文化底蕴。

二、空间布局与功能优化

空间布局与功能优化是指对原有建筑的空间布局进行合理规划，优化功能布局，以满足现代生活的需求。例如，将原有的生产区域改造为会展大厅、文化展区、休闲会馆等。

三、环境绿化与生态保护

环境绿化与生态保护是指在改造设计中注重环境绿化，保护生态环境，利用场地的自然资源和植被，采取轻度维护的原则，体现对原生态的延续。

四、引入现代文旅元素

在适合发展旅游业的农村地区，结合现代文旅与商业空间组织动线，构建出娱乐体验与休闲消费融合的新形态田园文旅小镇中心（如田野乐园和主题商业街），以满足游客的多元化需求。

五、空间语法的应用

在农宅改造设计中，可以考虑应用空间语法等设计理论，通过对空间形态和功能的分析，优化空间布局，提升空间的舒适度和功能性。

综上所述，文旅型乡村建筑改造设计应秉持保护传承与创新发展的原则，既要守护好乡村文化的根与魂，又要融入现代文旅元素，通过精心规划与功能优化，打造出独具特色、吸引力强的文旅空间。

第三节 产业型乡村建筑改造设计方法

产业型乡村建筑改造设计主要涉及对传统建筑的修缮、基础设施的更新、公共空间的增设以及环境卫生的改善,以提升乡村的整体功能和吸引力,促进产业发展。

一、修缮传统建筑

对传统建筑进行修缮和加固,包括修补漏洞、重新涂刷外墙、更换老旧屋顶等,同时结合现代建筑技术,为部分建筑增加隔热层和防水层,提高建筑的保温和防水性能。

二、更新基础设施

对村庄的基础设施进行更新,包括重新铺设道路、提升排水系统、建设新的供水和供电设施等,以提升基础设施的配套性和现代化水平,增强村庄的整体功能性和便利性。

三、增设公共空间

为了满足居民聚集和交流的需求,可以在村庄内增设公共空间,如广场、花园、篮球场等,这些空间将为居民提供休闲娱乐的场所,也可以举办文化活动和社区聚会。

四、改善环境卫生

提升村庄的整体环境卫生,包括对垃圾处理和污水处理情况进行改善,建设垃圾分类站点、设置垃圾桶、修建污水处理设施等,同时鼓励居民参与环境保护,共同创建整洁美丽的生活环境。

这些方法旨在通过改善乡村的物理环境和基础设施,吸引外部投资和游客,促进乡村产业的发展和经济的提升。通过结合传统与现代的设计理念,不仅保护了乡村的文化遗产,也为乡村带来了新的发展机遇。

第五章　乡村振兴目标下乡村建筑改造设计实践

随着乡村振兴战略的深入推进，乡村地区的面貌正在发生翻天覆地的变化。然而，乡村建筑的改造设计不仅仅是简单的物理空间改造，更是对乡村文化、生态、产业等多方面的综合考量。因此，乡村建筑改造设计实践需要结合具体的案例和实践经验，总结乡村建筑改造设计的成功经验和方法，为乡村振兴战略的深入推进提供有益的参考和借鉴。本章围绕世界各国乡村建筑改造设计的经验和乡村振兴目标下乡村建筑改造设计的案例等内容展开讨论。

第一节　世界各国乡村建筑改造设计的经验

一、日本——"一村一品"化农村改造

（一）背景介绍

20世纪70年代，日本处于快速工业化和城市化阶段，国家片面重视发展城市工商业，致使农村发展滞后。为了扭转这一局面，实现城乡均衡发展和一体化目标，大分县的前知事平松守彦展现出了卓越的领导力和远见。他率先在全国范围内发起了造村运动，这一运动的核心理念是立足乡土、自立自主、面向未来，旨在通过激发农村的内生动力，实现农村的自我振兴和持续发展。在日本政府的大力倡导和扶持下，各地区积极响应造村运动，并结合自身的实际情况和资源优势，因地制宜地培育出了具有地方特色的农村发展模式。最终形成了为人称道和效仿的"一村一品"模式。

（二）成功之道

日本"一村一品"模式独具特色，其核心在于深入挖掘本地资源并尊重地方特色。这一发展模式通过因地制宜地利用乡村资源，不仅推动了农村建设，还实现了乡村的可持续性繁荣[①]。

第一，日本政府按照本国的地形特点和自然条件，精心培育了一系列独具特色的农产品生产基地。这些基地不仅充分利用了当地的自然优势，还形成了多样化的产业格局，如水产品产业基地、香菇产业基地、牛产业基地等，为农村经济的发展注入了新的活力。

第二，为了进一步提升农产品的附加值，日本政府采取了对农、林、牧、副、渔产品实行一次性深加工的策略。这一策略不仅延长了农产品的产业链，还提高了农产品的品质和竞争力，使农村产业更加具有市场竞争力，为农民带来了更多的经济收益。

第三，日本政府积极发挥综合农业协同工会的核心作用，在农产品的生产、加工、流通和销售等各个环节中构建起完善的产业链，从而确保产品的顺畅交易和流通，有效提升了农产品的市场竞争力。

---

① 何山.全球10个国家地区乡村振兴新模式案例[J].今日国土，2022（12）：25-28.

第四，为了提升农民的综合素质和农业知识水平，日本政府不断完善教育指导模式。开设各类农业培训班和补习中心，这些培训和教育资源紧密结合农民的实际需求，为他们提供了实用的知识和技能，有力地推动了农业生产的科学化和现代化。

第五，日本政府对于农业生产给予了大量的补贴和投入，以支持农村经济的持续发展。这些政策和资金的扶持为农村振兴提供了坚实的基础，使造村运动取得了显著的成效，不仅振兴了日本的农村经济，还推动了农业现代化的进程，为日本的整体经济发展做出了重要贡献。

第六，日本农户结合日本优势文化动漫产业，打造特色农田景观，促进旅游观光等副业发展。

二、韩国——自主协同式新村运动

（一）背景介绍

类似于日本造村运动，韩国新村运动也是在特定的社会经济背景下启动的。当时，韩国政府将发展重心放在工业经济上，城市的快速发展壮大导致城乡之间出现了严重的两极分化现象。农村人口大量外流，他们普遍到城市寻找工作机会，而悬殊的贫富差距进一步加剧了农村的衰落[1]。

20世纪70年代，韩国政府为了改善城乡关系、推动农村发展、增加农民收入，决定在全国实行"勤勉、自助、协同"的新村运动。这项运动于1970年4月22日倡议，于1971年开始正式推行，于1980年4月结束。

（二）成功之道

韩国的自主协同型模式在推动农村建筑跨越式发展中独树一帜，它以低成本、高效益为特点，政府的大力支持和农民的自主发展紧密结合，共同实现了乡村治理的宏伟目标。

第一，针对农村基础设施陈旧落后的问题，韩国政府积极投入资源，大力建设公共道路、铺设地下水管道、修建河道桥梁等基础设施。这些措施不仅显著改善了农村的生活环境，还为农民提供了更为便捷的生活条件，大幅提升了他们的生活质量。

---

[1] 沈费伟，刘祖云. 发达国家乡村治理的典型模式与经验借鉴[J]. 黑龙江粮食，2017（12）：48-51.

第二，为了增加农民的经济收入，韩国政府通过改变农业生产方式，推广高产优质的水稻新品种，并鼓励农民增种经济类作物。同时，政府还推动建设专业化农产品生产基地，引导农民向高效农业、特色农业方向发展。此外，"农户副业企业"计划、"新村工厂"计划以及"农村工业园区"计划等一系列政策，也是韩国政府为了优化农业产业结构、增加农民收入而采取的重要举措。

第三，韩国政府致力于在农村和乡镇地区建立村民会馆，这些会馆不仅为村民提供了一个举办各类文化活动的场所，还极大地激发了村民的参与性和积极性。通过丰富多彩的文化活动，村民之间的凝聚力得以增强，乡村的文化氛围也日渐浓厚。

第四，韩国政府还积极在农村地区开展国民精神教育活动，旨在提高村民的文化知识水平，并培养他们自主管理和建设乡村的能力。这种创新的教育方式不仅增强了村民的自信心和责任感，还让他们更加积极地参与到乡村的建设和发展中来。

新村运动的实施重新焕发了乡村的生机与活力，成功实现了农业现代化的目标。

（三）模式总结

自主协同型模式是一种"自下而上"的乡村发展方式，是在城乡差距大的国家或地区非常实用的乡村治理模式。一方面，政府为了缩小贫富差距，改善城乡关系，有动力对农村进行深入的整治和改造；另一方面，那些长期生活在贫困之中的农民，内心深处也怀有改变现状的强烈愿望。他们渴望通过自身的辛勤努力，摆脱当前的困境，改善生活质量，增加经济收入，从而实现个人的发展和家族的繁荣。

三、德国——循序渐进型村庄更新

（一）背景介绍

在德国，村庄更新计划是一项由国家资助的重要项目，其核心目标是改善村庄或具有乡村结构城区的建设、交通技术和文化关系。德国所采取的循序渐进型模式，将乡村治理视为一项长期且持续的社会实践工作。在此过程中，政府通过精心制定的法律法规，对农村改革进行细致的规范和引导，确保乡村在稳定有序的环境中逐步迈向发展与繁荣。

（二）发展阶段

德国的乡村治理历史可追溯到 20 世纪初，其中村庄更新作为政府改善农村社会的核心策略，经历了多个重要的发展阶段。

早在 1936 年，德国政府通过实施《帝国土地改革法》，迈出了乡村治理的重要一步。该法案针对农地建设、生产用地以及荒废地进行了合理规划，为乡村的可持续发展奠定了坚实的基础。

在 1954 年，正式提出了村庄更新的概念。德国政府通过修订《土地整理法》，将乡村建设和农村公共基础设施的完善作为村庄更新的重要任务。

1976 年，德国在深刻总结过去村庄更新的经验后，首次将村庄更新策略正式写入修订的《土地整理法》中。这标志着德国在追求乡村发展的道路上，更加注重通过保留和强化村庄的地方特色和独特优势，来全面整顿和完善乡村的社会环境与基础设施。

进入 20 世纪 90 年代，村庄更新战略进一步融入了科学生态发展的理念。在这一时期，乡村的文化价值、休闲价值和生态价值被提升到了与经济价值同等重要的地位。这种综合性的发展视角，不仅促进了乡村经济的繁荣，更推动了乡村文化的传承和生态环境的保护。

尽管德国村庄更新的周期相对较长，但其所发挥的价值和产生的深远影响不容忽视。这种循序渐进的发展步骤，不仅有助于保持乡村的活力和特色，更促进了乡村的可持续发展。

四、瑞士——生态乡村建设

（一）背景介绍

瑞士的生态环境型模式聚焦于乡村建筑设计的创新，旨在通过创造优美的自然环境、独特的乡村景观以及便捷的交通网络，推动农村社会的增值发展，从而显著增强农村的吸引力。尽管社会化和城市化进程加速，导致瑞士的农村人口和农民数量逐渐减少，但瑞士政府仍然坚定地将乡村发展视为国家整体进步的关键组成部分，致力于通过精心规划和实施各项措施，确保乡村社会的持续繁荣，并保留其独特的魅力。

（二）成功之道

瑞士政府积极投入国家财政拨款，并鼓励民间自筹资金，以支持乡村基础设施的建设与完善。通过建设学校、医院、活动场所，以及铺设天然气管道、增设乡村交通网络等措施，瑞士政府努力优化农村的公共服务体系，有效缩小了城乡差距。在政府持续不懈的乡村建筑改造下，村庄面貌焕然一新，风景优美、生机盎然，环境舒适宜人，基础设施日趋完善，交通也更加便捷。

瑞士的乡村巧妙地融合了农村与周边的自然环境，呈现出独特的田野风光，成为人们追求休闲娱乐和户外旅行的理想之地。在这里，人们可以尽情享受大自然的宁静与美丽，感受乡村的宁静与和谐。例如，瑞士韦廷根小镇，因临近苏黎世且有大片芥菜花田，每年芥菜花开时会吸引大量游客前往游览。

五、美国——城乡共生型乡村建设

（一）背景介绍

20世纪初，随着美国城市人口的不断增长，城市中心变得过度拥挤，这种状况促使大量中产阶级家庭选择迁移到城市郊区，从而在很大程度上促进了小城镇的兴起和扩张。汽车等现代化交通工具的普及、小城镇内完备的功能设施以及周边优越的自然环境，都为小城镇的持续发展提供了有力支持。值得注意的是，美国政府推行的小城镇建设政策为小城镇的建设和发展提供了重要的指导和支持。

（二）成功之道

城乡共生型模式秉持着互惠共生的理念，着重于城市对农村的带动作用，并通过城乡一体化发展的策略，有效促进乡村社会的全面进步。这一模式致力于达成工业与农业、城市与农村的和谐共赢。美国作为全球城市化水平领先的国家，其在乡村治理过程中，极为推崇通过小城镇建设来激活农村社会的发展活力，进一步实现城乡之间的和谐共生与共同发展。

美国小城镇的建设成功带动了乡村发展。1960年，美国实施的"示范城市"试验计划，其核心目标是通过引导大城市人口向中小城镇流动，从而推动这些地区的发展。在小城镇的建设规划中，美国政府尤为注重个性化功能的塑造，强调要充分利用区位优势和地区特色，将优质的生活环境和休闲旅游体验相融合，旨在打造多元化、宜居且具有独特魅力的小城镇。

美国已经基本实现了城乡一体化的格局，小城镇建设在推动乡村发展中起到了显著且积极的作用，有效带动了乡村的经济、社会和文化进步。值得注意的是，支撑美国乡村城镇化的是其规模化、机械化的农业，高效的农业生产使农业人口有了更充足的自由时间和富裕的资源，城镇化很好地承接了美国农村人口的物质文化需求，推动了当地经济的复合发展。

第二节　乡村振兴目标下乡村建筑改造设计的案例

一、三瓜公社景观建筑改造

在安徽省巢湖市三瓜公社，人们随处可见小桥、石凳、水塘、老井等传统景观元素，保留着村落的清晰记忆；而新增的花架、廊道、雕塑、木椅、铺装等现代景观元素符号，传递着现代乡村的文明气息。人们行走其间，触摸着这些传统与现代融合的乡村建筑景观，不仅可以领悟到三瓜公社的乡村文化、自然环境和生活智慧，还能感悟到一个不一样的乡村建筑风景。

（一）村口景观建筑改造

村口景观是人们进入三瓜公社的第一印象，可谓三瓜公社乡村景观环境的"脸面"，自然就成了三瓜公社景观设计与改造的重要内容之一。

在三瓜公社村口景观改造之前，这里也同其他乡村一样，入村道路路况较差，村口建筑物凌乱、景观破败、缺乏道路标识和停车场地。为此，三瓜公社的景观建筑改造，一方面，通过拆除破旧的建筑，增加花草灌木，摆放景石，形成三瓜公社入口形象标识，强化入口的景观形象，如南瓜村的村口改造，如图5-1所示；另一方面，强化入口的安全警示标识，提高入口的安全性，并充分利用空闲场地作为三瓜公社入口的停车场，如图5-2所示。这里特别要指出的，三瓜公社村口景观改造中的"标识导向系统"的设计（各种具有形象标识功能的建筑物），不仅起到了作为导视系统应有标识作用，为行人提供必要的道路指引，本身也是一个具有艺术美感的景观小品。

第五章 乡村振兴目标下乡村建筑改造设计实践

图 5-1 南瓜村村口改造

89

图 5-2　停车场改造

所谓标识导向系统，是一种利用各种元素和方法来传达方向、位置、安全等信息，帮助行人了解从此地到彼地且知道回路的媒介系统，是一种结合景观环境与人之间的关系，整合整体景观空间形象、景观建筑、交通节点、信息功能的空间信息的界面系统。标识导向系统通常包括两种形式：一种是指示目标方位的指示标识牌，即标识系统，以此引导游客沿着正确的线路行进；另一种是明确位置的环境地图导览标识，即导视（向）系统，标示出当前所处景区的位置，显示周边的景点、服务设施位置、道路等信息。在三瓜公社目前更多的是标识系统。

从实践层面上看，一套完善的乡村景观标识系统，不仅能够起到架构乡村景观空间顺序、传递乡村景观信息、帮助行人在乡村景观空间顺利完成各种体验的作用，还能有效地改变一个乡村景观环境的形象识别。三瓜公社的标识系统，是三瓜公社景观环境中一种基于景观建筑形式的信息视角传达的媒介和识别符号，它涵盖了三瓜公社的人们的生活基本要素和社会经济文化需求的各个方面，并通过特定的符号、文字、标识等元素，形成统一且连贯的空间指引体系和说明体系，起到指导方位、确定位置、建立秩序、提示安全等作用。因而，也具有一般乡村景观标识系统的规范性、识别性、统一性、系统性、简洁性、符号性、科学性、文化性和延展性等特点。

在标识系统建筑物的设计过程中，尺度、文字、色彩、材质等是构成标识系统的重要因素，会直接影响标识系统建筑物的风格和功能。所以，在三瓜公社的标识系统建筑物的设计与建造过程中，设计者和建造者为了能够让行人轻易地辨别周围环境并获得一种视觉上的享受的强烈空间感（建筑物），十分重视标识系统构成因素对建筑物的风格和功能的影响。

第一，标识系统建筑物尺度的选择。在三瓜公社标识系统改造中，设计者按照人体工程学的要求，根据行人的感官视觉识别系统特点，以三瓜公社景观环境标识系统设计为出发点，并结合不同景观空间的具体环境，进行科学化、合理化、人性化的设计。例如，在进村路口的标识系统建筑物，应给人以视觉冲击力，所以尺度要大一些，如南瓜村和冬瓜村中间的标识牌，如图 5-3 所示。而在三瓜公社的内部某一景观空间的标识系统建筑物，尽量使标识系统建筑物的尺度与其周边环境的文化风格相一致。另外，对一些细节较精致且整体美感较强的标识系统建筑物，可以选择较小尺寸的景观标识招牌。

图 5-3　南瓜村与冬瓜村中间标识牌

第二，标识系统建筑物上文字大小的确定。文字是构成标识系统的核心要素，字体和字号并非是随意选择的，而是需要紧密结合标识系统所应用的环境空间、特定情景、实际尺寸以及建筑材料等多种因素进行考量。作为信息传递的媒介，标识在传递信息的过程中，必须全面考虑视觉距离的远近、涵盖的范围尺寸、所处的光照环境以及人们的心理因素等，一般情况下，字号∶距离＝1∶100。如冬瓜村的"烧酒坊"的标识，如图 5-4 所示。

图 5-4　冬瓜村"烧酒坊"标识

第三，标识系统建筑物的色彩选择。在标识系统设计中，色彩是标志的重要组成部分，具有吸引人的注意、传达信息的效果。当人们漫步在三瓜公社时，一旦目光触及到标识，首先映入眼帘的便是其鲜明的色彩，这些色彩能在瞬间给人留下深刻的整体印象。在三瓜公社的标识系统建筑物上的色彩，主要以红、绿、黄、蓝为主。按照色彩原理，人眼感知速度最快的是红色，其次是绿色，再次是蓝色，白色最慢。而且一般情况下，暖色大于冷色，原色大于补色，饱和色大于不饱和色。所以，在三瓜公社的标识系统建筑物的色彩设计上，设计者非常重视色彩的对比协调，正如英国艺术理论大师荷加斯在其《美的分析》一书中说过的，"最好的色彩美有赖于多样性的、正确而且巧妙的统一"。标识系统建筑物折射出的或鲜艳明朗，或质朴素雅的多元化的视觉效果，主要体现在色彩表达方式的差异上。

第四，标识系统建筑物的材料选择。在标识系统中，材料作为构成各种实体的基本要素之一，发挥着至关重要的作用。它不仅是标识系统的物理基础，更是其整体效果和持久性的关键所在。在三瓜公社的标识系统建筑物中，使用的材料有木材、石材、金属材质和仿木质材料等材质的标识。这些材料，不仅是三瓜公社标识系统设计艺术的物质基础，其本身也制约着设计作品的结构形式和尺寸大小，同时还体现出材料本身的审美属性，让行人在体验的过程中，形成视觉上的实体美感、实体结构及视觉心理的实用与景观的效果。

（二）道路交通景观建筑改造

村庄道路交通景观，是三瓜公社景观改造的重要组成部分。在三瓜公社的乡村道路交通景观设计与改造中，设计者和建造者根据不同的使用功能，分别采用沥青、水泥、碎石子、木质等建筑材料，并通过乔木（香樟树、樟树、泡桐、红叶杨等）、灌木（紫荆、栀子花、月季、蔷薇等）、地被（麦冬、苜蓿、二月兰和波斯菊等）的绿地植物配置以及铺设红（青）砖边缘路带的方式，打造出一个质朴的乡野景观，如图5-5所示。

图 5-5　村庄道路交通景观

同时，也在重点地段通过新建诸如花架、廊道、拱桥等现代感的景观建筑，增加三瓜公社的道路交通景观创意性和趣味感，使三瓜公社的道路交通景观既充满乡土气息，又渗透现代设计元素。其中，花架、廊道等现代感的景观建造，是三瓜公社景观改造中最具代表性的景观建筑。

1. 花架

花架，作为一种独特的景观建筑形式，是通过特定材料精心构建而成的，具备特定的形状设计，旨在为攀缘性植物提供生长和攀附的空间。此外，花架还具备容纳和展示各类花卉的功能，将建筑与植物巧妙结合，共同营造出美丽的景观。

花架，作为一种独具特色的景观建筑，由基础、柱、梁、椽四大核心构件组成，其主要功能在于为藤本植物提供坚实的支撑。花架的设计灵活多变，形态各异，它巧妙地融合了亭、廊、榭三类景观建筑的某些功能，同时又更加亲近自然，与周围的景观环境和谐相融。这一特性恰好迎合了现代人渴望回归自然、亲近自然的思潮，使人们在忙碌的生活中也能感受到大自然的宁静与美好。

花架按照平面形状、组织的材料和垂直支撑的不同，分为点状、条状、圆形、转角形、弧形、复柱形的花架，以及竹、木、钢筋混凝土、砖石柱、型钢梁架等多种类别（木质花架、混凝土花架、钢网结构的廊式花架）和立柱式、复柱式、花墙式的花架三种类型。而与花架相匹配的植物主要有紫藤、葡萄、蔷薇、络石、常春藤、凌霄、木香等。

在三瓜公社的花架小品景观建筑中，主要包括木质或者型钢梁架材质并配以紫藤、葡萄、蔷薇等植物构建的木质条状型花架，如半汤书院的木质花架，如图 5-6 所示；钢网结构的廊式花架，如在冬瓜村道路上的花架，如图 5-7 所示，高度控制在 2 500～2 800 mm（常用尺寸 2 300 mm、2 500 mm 和 2 700 mm），极具亲切感。其中，木质花架作为座椅休息位置，进深控制在 2 000～3 000 mm，而钢网结构的廊式花架作为流动的行走通道，进深跨度在 3 000～4 000 mm。

图 5-6　半汤书院木质花架

图 5-7　冬瓜村道路上的花架

同时，三瓜公社的花架景观建筑作为花架与攀缘植物的结合体，为了更好地在景观利用上体现花架的休息赏景、组织和划分功能、展示花卉或点缀环境、框景与障景、增加景深与层次等功能，在设计和建造的过程中，力求按照以下五个原则，去营造三瓜公社的花架景观建筑。

第一，因地制宜的原则。鉴于植物对花架造型的显著影响，花架在多数情况下并不适宜作为建筑环境中的主要焦点。同时，花架也常常作为建筑的附属元素进行布置，特别是在许多特定场合，挑檐式花架常被用作建筑周边檐廊的替代选择。基于花架的这些特点，在选择花架的位置、材料和功能时，必须因地制宜，全面考虑各种因素，以确保其既符合环境需求，又能发挥最佳的美化效果。

第二，尺度适中的原则。在三瓜公社的花架建筑设计中，鉴于花架不适宜作为主导景观功能的主体，要特别注重保持其轻巧、紧凑和遮阴的效果。因此，在设计花架时，必须精细把控其比例尺寸，既不宜过于庞大，也不宜过高，应该尽量与周边环境融为一体。一般来讲，确保花架柱的高度不低于 2 m，同时廊宽也控制在 2 ~ 3 m，以营造一个既舒适又和谐的景观空间。

第三，顺势而为的原则。花架设计和建造的过程中，要充分考虑其功能性、艺术性以及地理位置等各种条件的制约，花架的造型要尽量避免出现因过度关注其造型而冲淡了花架的植物造景作用的情况。当然，为了提升花架的艺术审美，可以在线条、轮廓、空间组合等构成元素中选一种，进行艺术化的处理，使之成为一个具有景观美感的主景花架。

第四，兼顾经济的原则。通常来讲，花架的四周一般都比较通透开敞，除了作支撑的墙、柱，没有围墙门窗，花架上下的铺地和檐口也并不一定要去着力追求对称或相似，让花架景观自然而然地融入周围的景观环境之中。设计者在设计铺地和檐口时，可以自由伸缩交叉，互相引伸，使花架置身于景观之中。

第五，因材施用的原则。在设计花架时，设计者往往会根据攀缘植物的特点、环境和生物性特征，来构思花架景观的体型，设计花架的构造以及组织花架的材料等。当然，在实践过程中，因为人们对各种攀缘植物的关注价值以及植物自身的生长要求存在明显的差异，在设计和建造花架时，应用一种或是两三种植物搭配，设计者在设计前一定要做好相关的调查。同时，对于茎秆草质的攀缘植物，如葫芦、茑萝、牵牛等，它们通常依赖于纤绳来向上攀爬。因此，种植池需要靠近花架，并且在花架的梁柱板之间设置适当的支撑和固定结构，以便它们能够顺利攀爬并覆盖整个花架。

2. 景观廊

廊，是指屋檐下的过道、房屋内的通道及其有延伸成独立的有顶的过道。建于景观空间中的廊，称为景观廊。正如明朝的著名造园大师计成在他的《园冶·立基》中写道的："廊基未立，地局先留，或余屋之前后，渐通林许。蹑山腰，落水面，任高低曲折，自然断续蜿蜒，园林中不可少斯一断境界。"景观廊，作为构成建筑物外观特点、划分景观空间格局的重要手段，也是三瓜公社建筑的重要组成部分之一。

景观廊，包括回廊和游廊，既有遮阳、防雨、小憩、交通联系的功能，又起到组织景观、分隔空间、增加风景层次的作用，在乡村景观建筑的设计与建筑中得到广泛的运用。景观廊，从横剖面的形状可分为双面空廊（两边通透）、单面空廊、复廊（在双面空廊中间加一道墙）、双层廊（上下两层）四种类型。三瓜公社的景观廊多属于单面空廊的类型，一侧贴在墙上，一侧由支柱支撑，形成半封闭的效果。单面空廊的廊顶呈单坡形，以利排水。

其中，檐廊和挑廊是三瓜公社景观廊中最常见的造型。檐廊是指设置在建筑物底层屋檐下的水平交通空间，一边无柱，一边与房屋相依，两边有围护结构，如三瓜公社新行政中心走廊，如图5-8所示，如果檐廊挑出二层以上建筑物外墙的水平交通空间，有围护结构，无支柱有顶盖的水平交通空间，则称为挑廊。

图5-8 三瓜公社新行政中心走廊

水廊，也是三瓜公社廊道景观的一种类型。水廊又分为临水廊、架水廊和跨水廊（也称为廊桥）三种类型。廊子紧贴水岸边或完全凌驾于水面之上，为欣赏水景和联系水上建筑之用，形成以水景为主的观赏空间。其中，临水廊是位于岸边的一种走廊，廊基一般紧贴水面，廊的平面也基本贴近建筑物（岸边）。在水岸曲折自然的情况下，廊大多数沿着水边呈自由式展开，廊基一般也不砌成整齐驳岸，顺自然地势与景观环境融为一体，如南瓜村"鱼馆"前后的水景观，如图 5-9 所示；而架水廊，则是架在水面上的水廊，多以露出水面的石台或石墩为基础，廊基一般不高，使廊的地板尽可能贴近水面，并使水经过廊下而相互贯穿。人们漫步在水廊上环顾四周风景，仿佛置身水面之上，别有一番情趣。

图 5-9 南瓜村"鱼馆"前后的水景观

另外，就是回廊和曲廊，在三瓜公社的景观建筑中也有见到。曲廊，具有独特的布局，部分贴墙而建，其余部分则优雅地转折向外，巧妙地与墙体共同形成了大小各异、形状多变的院落空间。在这些院落中，种植着各种花木，叠放着山石，为整个空间增添了层次丰富、景色多变的优雅氛围。而回廊，则是一种在建筑物门头或大厅内设置的走廊形式。它可以位于建筑的底层或两层以上，其设计巧妙地将空间环绕曲折，形成回形走廊，如"山里邻居"的院内走廊，如图 5-10 所示。

图 5-10 "山里邻居"院内走廊

在三瓜公社的景观廊道建筑中，不管是檐廊、挑廊、水廊，还是曲廊、回廊，都在人们的日常生活与乡村景观游览中起到重要作用。一方面，它们既是连接建筑物的重要通道，为游客提供遮阴、避雨、休息以及交通服务，是景观游览中不可或缺的使用性建筑；另一方面，廊道也是组织景观、分隔空间、丰富景观层次的重要工具，它们引导着人流和视线，连接着各个景观节点，极大地提升了观赏价值和文化内涵，成为展现三瓜公社乡村景观动态美与静态美的重要手段。

当然，在景观廊的营造过程中，材质无疑是一个对造型和景观效果产生显著影响的因素。在三瓜公社，景观廊主要采用木结构和钢筋混凝土结构两种材质。木结构以其玲珑小巧的形体和通透的视线受到青睐，而钢筋混凝土结构则因其厚重的质感和坚固的结构特性，拥有较长的使用年限。作为一种景观建筑，廊在形式上通常以轻盈灵巧为主，其尺度不宜过大。因此，在设定廊的宽度和高度时，需要根据人体尺度的比例关系进行控制，确保廊的尺度既不过于宽大，也不过于高耸，从而营造与周围环境相协调的和谐美感。一般净宽 1.2～1.5 m，柱距 3 m 以上，柱径 15 cm，柱高 2.5 m 左右，沿墙走廊的屋顶多采用单面坡式，其他廊的屋面形式多采用两坡顶。

（三）庭院景观建筑改造

屋前屋后的绿化植物配置，主要有：①乔木，如合欢、桂花、枫杨、马褂木、泡桐、椴树、香槐花等；②灌木，如紫荆、黄杨、海桐、栀子花、月季、蔷薇、石楠等；③地被，以二月兰、葱兰、鸢尾、波斯菊、黑心菊、牵牛、向日葵等花卉为主。

庭院绿化的植物配置，主要有：①乔木，如石榴、柿子树、桃树、板栗树、梨树、杏树等；②灌木，如紫荆、红端木、栀子花、月季、蔷薇、女真龟背竹；③地被，如青菜、生菜、韭菜、辣椒、番茄等蔬菜。

垂直绿化，主要有：①围墙，如爬藤类，五叶地锦、紫藤、爬山虎、牵牛花、金银花、茑萝、凌霄花；②藤架，如爬藤植被，以及扁豆、丝瓜、葫芦、蛇豆、豇豆、葡萄等果实类。

（四）公共空间景观建筑改造

乡村公共空间，这里具体是指乡村中供村民日常生活（生产）、户外交流和社会生活公共使用的开放性空间，是村民日常生活交往的重要场所和社交中心，如河岸（水塘石板）、井旁、村口树下、戏台（如冬瓜村打谷场上的戏台）、广场以及祠堂、街道边、邻里宅前空地等。

从建筑学意义的角度出发，很多的公共空间，既是一种公共空间形态，也是村落景观建筑的重要组成部分。在三瓜公社，经过建筑设计师精心打造的庭院或广场上的天井、水井、石碾、戏台，以及增添了一些简易设施的邻里间（店铺）、房前屋后的空地（放石磙的空地）和马路边（放椅子的空地）等景观建筑，不仅成为人们社会交往的中心，也是吸引游客、使人们能够在此驻足休闲的人性化的景观小品。而景观亭、景观椅和稻草人装置艺术，则成为三瓜公社公共景观建筑中的代表。

1. 景观亭

亭，供人休憩和观景的建筑物。明朝的著名造园大师计成在他的《园冶·亭》中写道："亭，停也，人所停也。"说明亭是供人休憩歇息的地方。亭，一般分为两类，一类是供人休憩观赏的亭，也称为景观亭；一类是具有实用功能的票亭、售货亭。这里所指的亭，主要指的是景观亭。

景观亭，作为一种建筑小品，功能简单，体量小巧，造型别致，富有意境，极有特色。它在三瓜公社的景观建筑设计与改造中，常作为三瓜公社景观环境中"点景"的一种手段，与三瓜公社内外的山、水等自然景色以及绿化和建筑结合起来共同组景，既是三瓜公社的一种景观，又是三瓜公社的一种观景建筑，极大地满足了人们对三瓜公社景观环境中的"点景""观景"的需要，如图5-11所示。

图 5-11　景观亭

景观亭位置的选择十分重要，在三瓜公社，景观亭的位置布局都是经过深思熟虑、精心设计的，主要基于两大考量。第一，作为供人们遮阳避雨、休息观景的场所，景观亭多被巧妙地安置在路边，以方便游客随时使用。第二，作为一个重要的景观建筑，景观亭的选址更注重其内外景观的相互映衬。为了确保从亭内向外看和从亭外向内看都能欣赏到美丽的景色，景观亭往往建在有特色的景观空间环境中，让人们在休息的同时也能享受到令人愉悦的视觉体验[①]。不仅如此，景观亭在整体景观规划中更是起到了画龙点睛的作用。

从实践的层面上看，一个完整的景观亭建筑，一般由顶、柱、台基三个部分组成，而顶的样式、角数，柱的数量、形状以及台基的大小、高低，都不尽相同。而且，它不拘泥形式的立面造型和比例关系，比其他建筑更能体现设计者的意图，因而无论从哪一个角度去欣赏都显得独立而完整。景观亭按照建筑材料来分，可以分为木亭、石亭、砖亭、茅亭、竹亭、铜亭等类型。而按照造型来分，则又分为单体亭，包括正多边形亭（三角、四角、六角、八角）、非正多边形亭（圆亭、扇亭、长方形亭）；组合亭，包括单体亭组合，亭与廊、花架、景观墙组合等类型。三瓜公社的景观亭主要以木质长方形亭的景观建筑造型为主。

景观亭，作为一处多功能建筑，它为人们提供了憩息、纳凉避雨和眺望远处景色的场所。同时，它又是点缀景观空间、提升景观环境层次的"观景"与"点景"的焦点。经过精心设计的景观亭，不仅能够激活整个景观空间的所有元素，更能在景观中起到烘云托月、锦上添花的作用，使整体景观环境更加和谐、富有层次。

因此，在营造三瓜公社景观亭的过程中，设计者和建造者首先通过灵活地使

---

① 徐飞，郭蕾. 游憩性园林建筑设计手法解析 [J]. 今日科苑，2009（8）：195.

用景观建筑上的"借景"和"对景"的造景手法，使景观亭真正成为人们凭眺、畅游三瓜公社乡村景色的赏景点。其次，无论是景观亭的体量与位置的选择，还是景观亭的材质及颜色的选择，都严格尊重因地制宜和就地取材的原则，一方面选材视景观亭所处的环境位置的大小、性质而定，另一方面使用本地材料不但加工便利而且近乎于自然设计。以此确保了三瓜公社的景观亭真正达成"点缀景观空间之景色，构成景观空间之景点"和"驻足观景之所，遮阳避雨，休息览胜之场所"的目标。

2. 景观椅

在三瓜公社的景观规划中，景观椅作为建筑小品的重要组成部分，发挥着不可或缺的作用。南瓜村"乡创基地"前的景观椅便是其中的佼佼者，成为一道亮丽的风景线。它不仅仅是一个供人们停下脚步、休憩放松的实用设施，更以其独特的艺术化造型，巧妙地融入了三瓜公社的整体景观之中，成为一道引人注目的亮点。

在三瓜公社，这些景观椅的人性化设计是最大特色之一。设计者和建造者充分考虑游人的心理因素及不同年龄、性别、职业、性格、爱好等特点，如有人爱独处，安静休息，有人爱热闹，有人需要比较私密的环境等因素，因此，景观椅主要分布在道路两侧、广场周边和游憩建筑、水体沿岸及服务建筑旁。同时，对于景观椅的形状、大小、角度，设计者和建造者会按照符合人体就座姿势，符合人体尺度，使人坐着自然、舒服且不紧张的原则，来确定坐板与靠背的组合角度及椅子各部分的尺寸是否适当。譬如，坐板高度控制在 350~400 mm，坐面的深度控制在 400~600 mm，椅面长度控制在单人 60 cm、双人 120 cm、三人 180 cm，而靠背与座板夹角则控制在 90~105°（100~110°），靠背高度控制在 350~650 mm，座位宽度控制在 600~700 mm/ 人。

另外，这种人性化还表现在景观椅材质的选择和景观椅的位置以及角度的摆放上。第一，材料的选择应本着美观、耐用、实用、易清洁、表面光滑、导热性好、舒适和环保的原则，所以三瓜公社的景观椅多为木质或石材的景观椅，如半汤书院院子内的景观椅。第二，基于景观椅的舒适感，在形状上应有一定曲线，椅面宜光滑、不存水（以防表面有积水不方便落座）；第三，不同地段的景观椅，其摆放位置、视角要有差异。如景观道路两旁的景观椅，宜交错布置，可将视线错开，忌正面相对。再如，行人道路旁的景观椅，不宜紧靠路边设置，需退出一定距离，以免妨碍人流交通等。

（五）水体景观建筑改造

三瓜公社三面环山、一面临水（巢湖），是一个多塘堰的乡村，水体景观自然是三瓜公社乡村景观中一个很重要的元素。与之相对应的，包括河流、水渠、池塘、洗衣场所、水井、水车、护坡、拦水坝、桥涵等景观建筑，或具有联系两岸及水面交通，或具有引导游客路线的功能，抑或是具有点缀水面景观、划分或组织水景空间和增加风景层次之妙，是三瓜公社景观建筑中不可或缺的。在这些景观建筑中，最具代表性的就是汀步、拱桥和景观水车。

1. 汀步

汀步，又称河步、跳墩子，指在浅水中按一定间距布设块石，微露水面，使人能跨步而过的水上通道建筑物。这是中国传统乡村社会最原始的过水形式。现在，随着中国桥梁功能、材料和技术的发展，这类过水（河）建筑物在人们的日常生活中已不多见了，在景观中却可以使其成为一个有情趣的跨水小景。南瓜村"半汤乡学院"后面的汀步景观就是一个很好的景观小品，人们走在汀步上，能深深感受到脚下清流潺潺、游鱼可数的近水亲切感，如图5-12所示。

图5-12　南瓜村"半汤乡学院"后面的汀步景观

汀步，作为一种独特的景观建筑小品，特别适用于河滩、小溪以及草坪上跨度适中的水面。在三瓜公社，这种景观小品巧妙地结合了滚水坝体，形成了别具一格的过坝汀步。这些汀步多采用天然石材进行自然式布置，不仅为游客提供了最便捷的步行过水方式，还巧妙地融入了周围的自然环境，营造出优美的景观效果。然而，在设计和使用汀步时，安全性是首要考虑的因素。为了确保过水的安全性，汀步的间距不宜过大，块石的高度也不应过高，只需略微露出水面即可。

此外，汀步的基础必须稳固，表面需保持平整，并特别注重防滑处理，以确保游客在行走过程中的安全。

2. 拱桥

拱桥，是指在竖直平面内以拱作为结构主要承重构件的桥梁，是人用小块石材（或木材）建造的具有一定跨度的建筑工程，在我国很早就有建筑拱桥的历史。而且，无论是历史上还是在现代生活中，拱桥既是一种交通工具，也因其造型优美常常被当成一种建筑景观。拱桥，也是三瓜公社景观建筑的一种常见的景观建筑。

拱桥按建造拱的材料可分为石拱、木拱、砖拱、竹拱和砖石混合拱；按拱桥按结构形式可分为板拱、肋拱、双曲拱、箱形拱、桁架拱。三瓜公社的拱桥，是石料为主、选用天然石材凿成梁、柱的阶梯式、弧面、单孔拱桥。例如，西瓜村"村里村外"前面的拱桥，就是一个单孔石材的拱桥，桥全长 3.8 m，高 0.85 m，桥面净空 2.1 m、桥面宽 1.6 m，桥两头各设有 5 级台阶；也有木质的拱桥，如南瓜村"半汤乡学院"后面的木质拱桥，造型优美，曲线圆润，富有动态感是其最大特点，如图 5-13 所示。设计者和建造者在设计和建造的过程中，不仅重视这座拱桥的通行功能，更关注它的景观效果。而桥的栏杆，无疑是丰富桥体造型的重要因素，既要符合安全的需要，更要突出景观效果，所以，这个拱桥的栏杆是双边栏杆，并在栏杆上饰有雕塑图案，提升了拱桥的景观美感。

图 5-13 木质拱桥

3. 水车

水车，是人类最早利用水的动力发明的，用于生产作业的木制机械装置。在中国传统的乡村社会，常用于磨坊推磨。虽然随着动能机械的发展，作为生产工具的水车已基本淡出了乡村人的视线，但将古老的水车做成模型，放置入景区河道、庭院作为景观装饰，是现代人的欣赏情趣回归自然的新倾向。例如，三瓜公社在进行景观打造的过程中，就在冬瓜村设计和建造了一架水车，吸引游客尤其是来自城市的孩子的驻足观看，成为这一片景观空间的引人注目的景观小品。

（六）地面铺装改造

地面铺装虽非严格意义上的景观建筑，但其在特定景观建筑中扮演着至关重要的角色。在三瓜公社的景观设计与建设中，地面铺装同样被广泛应用。

地面铺装，是指在环境绿地中采用天然或人工的铺地材料，按一定的形式和规律铺设于地面上的装饰物。地面铺装一般分为规则式和自然式两个类型，三瓜公社的地面铺装以自然式铺装为主。三瓜公社的设计者和建造者往往会根据线路的功能，为了延长观光线路，增加游览趣味，提高绿地利用率，采取宽窄拼图的变化铺装，蜿蜒起伏，使景观空间变化更为丰富。

地面铺装作为一种景观建造的表达形式，不同的铺装材料形成不同的铺装景观效果。地面铺装一般分为：①软质材料，如草坪；②硬质材料，如石材、砖、卵石（砾石）、混凝土、木材和其他可回收的材料。在三瓜公社，使用比较多的铺装材料主要有地被植物、人造草坪以及石材、砖、卵石（砾石）、混凝土和木材，其中以卵石和木材最多见。

卵石因为具有取材方便、种类繁多、造价低等特点，在河床、浅滩随处可见，一般用于连接各个景观、构景或者是连接规则的整形修葺植物之间，可用于健身步道、水池驳岸、水池、图案铺贴。而木材作为地面铺装材料，处理简单，维护、替换方便。更重要的是，木材铺装是一种"暖性"材料，给人以温馨、舒适的感觉，更显典雅、自然，在三瓜公社的地面铺装中，常用于临水平台，如图 5-14 所示，栈道，如图 5-15 所示，以及各种景观建筑小品，如图 5-16 所示。

图 5-14　临水平台

图 5-15　栈道

图 5-16　景观建筑小品

另外，地面铺装作为一种景观构图的重要手段，也具有景观建筑一样的导向、分隔空间与组织空间和造景作用。一方面，地面铺装就像导游一样，会使人们按照设计者的意愿、线路、角度来观赏景观。另一方面，设计者和建造者通常会利用铺装将原有的景观空间分隔成不同的特点小景观点，同时，又可以通过铺装把原来各种独立的景点联系成为一个整体的景观空间，起到组织空间的作用。此外，设计者和建筑者还会根据铺装的曲线、质感、色彩、尺度等特征，在满足实用功能的同时，创造不同的视角，提高景观的美感与趣味性。

二、沂南县朱家林田园综合体

朱家林村，位于山东省临沂市沂南县岸堤镇，坐落于群山环抱之中，距离县城仅约 32 km。这里自然风光旖旎，四季气候宜人，加之便捷的交通网络，俨然一幅令人向往的田园画卷。然而，现代化进程的加速给朱家林村带来了不容忽视的挑战：曾经肥沃的土地渐显荒芜，古老的建筑在岁月的侵蚀下损毁严重，乡村逐渐失去了往日的活力与人口，呈现出空心化的趋势。面对这一现状，朱家林村村民勇敢地踏上了探索之路，旨在通过创新性的乡村改造技巧，挽回那份遗失的乡村风貌，重塑一个充满活力与魅力的美丽乡村。

（一）废弃民居的整治与修缮

在朱家林村的建筑改造进程中，团队对破败不堪的建筑外立面进行了精心修缮，赋予了它们新的生命。对于墙体损坏尤为严重的部分，创新性地采用了钢架构进行加固，既确保了结构安全，又展现了现代技术与古老建筑的和谐共生。而对于那些损坏相对较轻的墙体，则采取了保留与再利用的策略，通过在这些墙体上巧妙地开设不同大小的条形窗，不仅极大地提升了室内的采光与通风效果，还利用条形窗的多样组合，为建筑外立面增添了几分趣味与灵动，使得整个建筑充满了生机与活力，彻底颠覆了人们对乡村建筑单调、沉闷的传统印象。此次改造不仅打破了朱家林村建筑形式的单一性，更促使建筑风貌向多元化、地域化方向发展。建筑师们巧妙地运用传统建筑材料，结合现代设计理念，创造出了一种既保留乡村韵味又不失现代感的独特风貌，如图5-17、图5-18所示。

图 5-17 民宿立面开窗图

第五章　乡村振兴目标下乡村建筑改造设计实践

图 5-18　民宿立面 U 形大门图

（二）公共建筑的改造设计

公共建筑，作为朱家林村村民社交与活动的中心舞台，承载着开会、展览及举办各类集会的重任。在朱家林村的改造蓝图中，一座昔日的公共建筑被赋予了新生，转型为生活美学馆，成为展示乡村生活美学与文化的独特窗口。在改造过程中，设计团队深谙保护当地生态环境与自然资源的重要性，秉持着最小干预的原则，力求在保留原有建筑风貌的基础上进行创新。利用当地丰富的石灰岩资源作为建筑外立面的主要材料，不仅降低了成本，还实现了就地取材的环保理念，使建筑与自然环境和谐相融。生活美学馆的内部空间则展现了另一种风貌。设计师选用了现代感十足的清水混凝土作为内部装饰材料，与外部的石灰岩形成了鲜明对比。这种现代与传统材料的碰撞，在视觉上呈现出一种微妙的统一感，而在质感与建造工艺上则各自彰显着独特的魅力。这种结合方式不仅丰富了建筑的层次感，更使得内部展览空间得以保持一种纯粹而高雅的氛围，为参观者提供了沉浸式的艺术体验，如图 5-19、图 5-20 所示。

图 5-19　乡村美学馆内部

图 5-20　创客公寓外部立面图

在朱家林村的全面改造与更新过程中，团队深谙因地制宜之道，精心策划，力求将现代材料与传统建筑艺术巧妙融合，实现传统与现代的和谐共生。本次改造不仅保留了乡村原有的文化元素，还巧妙地将其与现代设计理念相结合，创造出既具有时代感又不失乡村风情的独特建筑风貌。

三、澄江禄充风景区建筑改造

该改造建筑位于云南滇中抚仙湖畔的澄江禄充风景区，抚仙湖湖水清澈，明代旅行家徐霞客《徐霞客游记》中记载："滇山惟多土，故多壅流而成海，而流多浑浊，惟抚仙湖最清"。为促进对抚仙湖水质的保护，当地政府逐步迁移湖边居住区，希望减少人为因素对湖水的污染。迁移导致老宅子的拆除，也为该案例砖瓦材料回收提供前提条件。其原始建筑为 1 栋三层半框架建筑和 4 栋双层砖混结构别墅，以及少量一层附属建筑物。建筑面积 2 457 m²，场地面积 7 790 m²，原有业态为价位低廉的普通农家民宿区。

该项目的改造为三层框架建筑砖楼，以及新建浮居、土屏、幽篁里和雨亭、瓦亭、坡亭，微改造建筑原墙，具体的建筑设计改造从以下几方面展开。

（一）建筑现状和改造功能

砖楼为三层半框架建筑。原建筑开大玻璃窗，填充少量红砖，外立面贴白色小瓷片。由于改造后民宿功能的调整，全部敲掉填充材料保留原始框架梁柱结构是最直接的方式。这也引发需要重新考虑合适的墙体材料和构造搭接。

（二）建筑改造的空间设计

砖楼位于项目入口位置，也是街面形象，砖楼是整个项目离湖最近的建筑，最适合直观地感受水文化。在场地语言上，项目设计师设计了一系列入口驳岸的

第五章　乡村振兴目标下乡村建筑改造设计实践

路径，并把水引入建筑周边，让建筑更"靠近"水岸。本地"车水捕鱼"文化的竹篓形态为设计师提供了建造表皮的灵感，篓的透光可以创造自然的渗透，其编织的做法也可以形成构造特征，对应到建筑本身，建筑以旧青砖和透明玻璃砖的编织机理成形。

整个建筑西立面屏蔽西侧视线可及的山体坟墓群视角，不设一窗，无窗也呼应了朝内一二层建筑的尺度感。如图 5-21 所示。

图 5-21　西立面透视[①]

砖楼首层是餐厅，最靠近水面，微风吹动，动态的水面和树影可透过渐变布置的半透明玻璃砖反射到室内，与室内铺地的旧瓷片呼应，使室内餐厅呈现水边居所的静谧与活力。东西侧通过定制的砖尺寸可开启弹射窗，形成通风系统。如图 5-22 所示。

图 5-22　一层室内空间[②]

---

① 图 5-21 图片来源于阮晓舟。
② 图 5-22 图片来源于杨文龙。

二层是多功能厅。由于乡村建筑的二层已经远离地面，和地面关系变弱，空间关系尝试向内拓展，在室内通过本地青砖模板浇筑工艺形成阁楼空间，满足外侧书吧内侧临时会议的复合功能。阁楼留一条 240 mm 高的缝隙，经过外墙均匀玻璃砖折射的光影投到外侧走廊，又经过阁楼缝隙进行二次过滤，投射到阁楼内部。如图 5-23 所示。

图 5-23 二层内部大空间[1]

阁楼的缝隙，在多功能空间中产生了内外不同距离的空间切割。如图 5-24 所示。

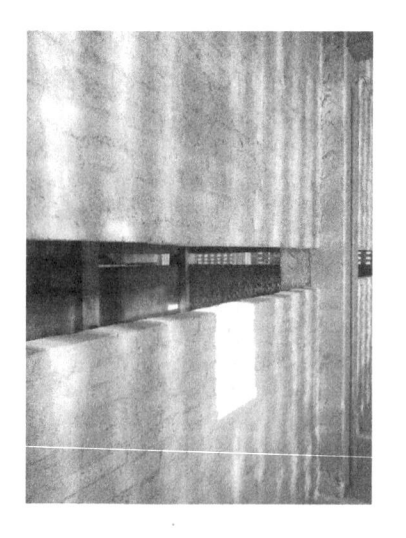

图 5-24 二层墙体过滤光斑[2]

---

[1] 图 5-23 图片来源于杨文龙。
[2] 图 5-24 图片来源于杨文龙。

第五章　乡村振兴目标下乡村建筑改造设计实践

　　三层客房空间在静谧的过道尽端以玻璃砖拱构建半围合空间，把东侧朝阳点状光和西侧的夕阳引入室内形成了客房人群一到四人的冥想空间、茶室和私人教堂。如图 5-25、图 5-26、图 5-27 所示。

图 5-25　三层楼梯青砖通风筒[①]

图 5-26　三四层楼梯看青砖通风筒[②]

---

①　图 5-25 图片来源于杨文龙。
②　图 5-26 图片来源于杨文龙。

111

图 5-27　三层玻璃砖空间正透视①

透过四层的通风筒光线，如图 5-28 所示，把人引导至屋顶户外的山形坡顶，晴天夜色，可三两人躺卧坡面，仰望苍穹，可行可望可居可游，归于自然。

图 5-28　青砖通风筒仰视②

---

① 图 5-27 图片来源于杨文龙。
② 图 5-28 图片来源于杨文龙。

参考文献

[1] 李永福，刘敬忠，傅金华. 建筑装饰改造项目施工组织技术 [M]. 北京：经济日报出版社，2015.

[2] 骆中钊，卢昆山，王声炜. 新农村住宅建筑设计 [M]. 北京：金盾出版社，2015.

[3] 熊莹. 基于梅山非物质文化传承的乡村建筑环境研究 [M]. 长沙：湖南大学出版社，2016.

[4] 中共中央国务院. 乡村振兴战略规划（2018—2022年）[M]. 北京：人民出版社，2018.

[5] 郭卫宏，胡文斌. 岭南历史建筑绿色改造技术集成与实践 [M]. 广州：华南理工大学出版社，2018.

[6] 沈涛. 空间信息技术支持下的中国乡村建筑综合区划研究 [M]. 北京：知识产权出版社，2018.

[7] 中共中央关于坚持和完善中国特色社会主义制度、推进国家治理体系和治理能力现代化若干重大问题的决定 [M]. 北京：人民出版社，2019.

[8] 中共中央党史和文献研究院. 习近平关于"三农"工作论述摘编 [M]. 北京：中央文献出版社，2019.

[9] 杨照东. 立足"三农"，推动乡村振兴：中国农业农村经济发展创新研究 [M]. 北京：中国商务出版社，2019.

[10] 陈国胜. 乡村振兴温州样本：强村之路 [M]. 杭州：浙江大学出版社，2020.

[11] 伍国正. 湘江流域乡村祠堂建筑景观与文化 [M]. 长春：吉林大学出版社，2021.

[12] 陈智远. 高密度老城区教育建筑的升级改造 [M]. 上海：同济大学出版社，2022.

[13] 曾伟. 观光休闲农业助推乡村振兴 [M]. 武汉：武汉大学出版社，2022.

[14] 李小云, 于乐荣, 董强, 等. 国家现代化进程与乡村振兴战略 [M]. 长沙: 湖南人民出版社, 2023.

[15] 彭拥军. 现代高等教育对乡村振兴的智力渗透研究 [M]. 武汉: 华中师范大学出版社, 2023.

[16] 谭刚毅, 钱闽. 合院瓦解与原型转化 [J]. 新建筑, 2003（5）: 45-48.

[17] 徐千里. 观念与视野 [J]. 城市建筑, 2007（12）: 7-9.

[18] 徐飞, 郭蕾. 游憩性园林建筑设计手法解析 [J]. 今日科苑, 2009（8）: 195.

[19] 徐明松, 贺健飞. 建筑给排水设计要点及工程实例探讨 [J]. 科技传播, 2012（3）: 93-94.

[20] 申屠华. 建筑智能化弱电施工管理要点分析 [J]. 科技视界, 2013（34）: 123, 245.

[21] 宋金鹏, 栗忠辉. 35 kV 农村小型化变电所的设计 [J]. 黑龙江纺织, 2013（2）: 35-37.

[22] 吴小叶, 王伯承. 危房改造与少数民族传统民居保护调查研究: 以贵州雷山县为例 [J]. 西南民族大学学报（人文社会科学版）, 2014, 35（12）: 46-50.

[23] 徐平利. 公务航空候机楼建筑设计分析 [J]. 建筑技艺, 2017（12）: 78-85.

[24] 沈费伟, 刘祖云. 发达国家乡村治理的典型模式与经验借鉴 [J]. 黑龙江粮食, 2017（12）: 48-51.

[25] 常青. 论现代建筑学语境中的建成遗产传承方式: 基于原型分析的理论与实践 [J]. 中国科学院院刊, 2017, 32（7）: 667-680.

[26] 范建华. 乡村振兴战略的时代意义 [J]. 行政管理改革, 2018（2）: 16-21.

[27] 刘燕荣, 黄义华. 乡村文化建设实现路径及启示 [J]. 合作经济与科技, 2021（5）: 22-25.

[28] 黄炜. 高职思政教育对乡村振兴建筑发展探究 [J]. 建筑结构, 2022, 52（24）: 162-163.

[29] 何山. 全球10个国家地区乡村振兴新模式案例 [J]. 今日国土, 2022（12）: 25-28.

[30] 吉倩倩, 马强. 信息化技术在高职"建筑给排水工程"课程教学中的应用浅析 [J]. 广西城镇建设, 2023（1）: 69-73.